计算流体力学

——有限体积法基础及其应用

陈丽萍 编著

苏州大学出版社

图书在版编目(CIP)数据

计算流体力学:有限体积法基础及其应用/陈丽萍编著.—苏州:苏州大学出版社,2016.9(2023.11重印)
ISBN 978-7-5672-1859-8

Ⅰ.①计… Ⅱ.①陈… Ⅲ.①计算流体力学 Ⅳ.①O35

中国版本图书馆 CIP 数据核字(2016)第 226995 号

内容简介

本书论述有限体积法的基本思想和特点,重点介绍稳态条件下扩散问题、对流扩散问题、压力—速度耦合问题的有限体积法,简要介绍非稳态流动问题的有限体积和边界条件处理,讨论对方程求解收敛性和求解精度有重要影响的差分格式问题及有限体积法离散方程的基本解法,并通过多个实例一步一步讲解 FLUENT 在计算流体力学中的应用.

本书内容由浅入深,循序渐进,便于自学,可作为大专院校教材使用,也可供工程技术人员参考.

计算流体力学
——有限体积法基础及其应用

陈丽萍　编著

责任编辑　周建兰

苏州大学出版社出版发行
(地址:苏州市十梓街1号　邮编:215006)
广东虎彩云印刷有限公司印装
(地址:东莞市虎门镇黄村社区厚虎路20号C幢一楼　邮编:523898)

开本 787 mm×1 092 mm　1/16　印张 11　字数 275 千
2016 年 9 月第 1 版　2023 年 11 月第 3 次修订印刷
ISBN 978-7-5672-1859-8　定价:35.00 元

苏州大学版图书若有印装错误,本社负责调换
苏州大学出版社营销部　电话:0512-67481020
苏州大学出版社网址　http://www.sudapress.com

前言

　　有限体积法是求解流体流动和传热问题偏微分方程的数值方法之一.近年来,计算流体力学和计算传热学发展非常迅速,许多过去只能靠实验测量和风洞模拟来研究的流动和传热问题,现在都可以用数值计算的方法由计算机来解决.由于大型计算流体力学商用软件的出现,过去只能由从事力学或流体计算的专业人员来分析的许多问题,现在一般的工程师和技术人员也可以解决.过去多半靠经验公式近似计算,现在都可以借助于流体数值计算软件自行做仔细的分析和计算.因此工科专业的学生,特别是研究生,应该学习和掌握计算流体力学的方法.

　　作者多年来为研究生开设计算流体力学和计算传热学课程,教学实践中发现对于工科类专业的学生来说,流体流动和传热问题是比较复杂的问题,要在有限的课时内全面掌握流体力学和传热学的基本理论和数值计算方法有一定的难度,在应用已有软件做工程分析时常处于知其然而不知其所以然的尴尬境地.因此,学生迫切需要一本突出介绍流体流动和传热数值计算核心算法,而较少涉及复杂的流体力学和传热学的原理内容的教材.在流体流动和传热问题诸多数值计算方法中,有限体积法较好地保持原微分方程的守恒性,此外其各项物理意义明确、方程形式规范.目前主要的流体流动计算软件,如 STARCD、FLUENT、FLOW3D、PHOENICS、CFX 都采用有限体积法作为其核心算法.本教材突出介绍有限体积法.

　　20 世纪 80 年代以来,国内出版了不少论述流体流动和传热数值计算的教材和专著.虽然对有限体积法有所介绍,但它们或涉及的内容较深,不适合非力学专业学生的学习;或篇幅过大,无法满足少学时的教学要求;或多种方法并行介绍,使初学者难以取舍,抓不住重点.李人宪教授编写的《有限体积法基础》一书较清楚地介绍了有限体积法的基本计算过程,内容适中,易于理解.作者在编写本教材时参考了此书的相关内容,并对此书中的算例进行编程计算,计算结果通过Tecplot软件图形化显示.本书还通过多个实例一步一步讲解FLUENT在计算流体力学中的应用.希望读者能通过本书的学习对有限体积法的基本思想和计算原理有一个概括的了解,从而满足非力学专业学生和工程技术人员学习有限体积法和更好地应用已有软件进行工程流体分析的需求,为深入研究奠定基础.

全书第1章在比较几种常用的流体流动数值计算方法特点的基础上着重介绍有限体积法的基本思想和特点;第2章介绍扩散问题的有限体积法,从一维稳态扩散问题入手,简要介绍区域离散方法、离散方程的推导和控制容积界面值的近似计算;第3章介绍对流扩散问题的有限体积法,通过例题说明对流项对数值计算的影响;第4章从离散方程的守恒性、方程系数的有限性和流动过程的输运性出发讨论有限体积法中重要的差分格式问题;第5章介绍压力—速度耦合问题的有限体积算法,讨论解决压力—速度耦合问题数值计算中两个难点的方法,即交错网格算法和压力耦合问题的半隐算法(SIMPLE算法及其改进算法);第6章介绍求解三对角方程的TDMA算法及其在高维问题中的应用,并给出Jacobi迭代、Gauss-Seidel迭代算法及其程序;第7章通过编程实例讨论非稳态流动问题的有限体积算法的实现过程;第8章介绍入口边界、出口边界、固体壁面边界、压力边界、对称边界的处理方法;第9章通过二维室内机械通风、二维室内自然通风、通风房间空气龄的计算、室内热舒适PMV和PPD计算及室内颗粒物运动计算五个算例说明FLUENT的应用,第六个算例介绍了Gambit三维建模.附录介绍用Tecplot软件将计算结果图形化显示的过程.

本书在编写过程中得到了作者的同事张广丽及学生宣凯云、薛芳玲、金椿明的鼓励和帮助,得到了南京工业大学的大力支持,在此一并表示感谢.由于作者水平所限,书中错误和不足之处在所难免,希望读者批评指正.

作　者

2023年4月

目 录

第1章 绪 论 ························ 1
§ 1-1 概 述 ························ 1
§ 1-2 求解流体流动和传热问题的常用数值计算方法 ·········· 2
§ 1-3 有限体积法的基本思想和特点 ················ 5
小结 ···························· 8

第2章 扩散问题的有限体积法 ················ 9
§ 2-1 一维稳态扩散问题的有限体积法计算格式 ··········· 9
§ 2-2 多维稳态扩散问题的有限体积法求解 ············· 19
小结 ···························· 30

第3章 对流扩散问题的有限体积法 ··············· 32
§ 3-1 一维稳态对流扩散问题的有限体积法计算格式 ········· 32
§ 3-2 多维稳态对流扩散问题的有限体积法求解 ··········· 39
小结 ···························· 43

第4章 差分格式问题 ···················· 44
§ 4-1 问题的提出 ······················ 44
§ 4-2 一阶差分格式 ····················· 48
§ 4-3 对流扩散问题的高阶差分格式 ··············· 58
小结 ···························· 65

第5章 SIMPLE 算法 ···················· 66
§ 5-1 压力—速度耦合问题的描述 ················ 66
§ 5-2 交错网格技术 ····················· 67
§ 5-3 SIMPLE 算法 ····················· 72

小结 ·· 77

第6章 有限体积法离散方程的解法 ·· 78

§6-1 引言 ·· 78
§6-2 TDMA 算法 ·· 79
§6-3 TDMA 算法在求解高维问题离散方程中的应用 ························ 82
§6-4 Jacobi 迭代和 Gauss-Seidel 迭代 ······································ 86
小结 ·· 88

第7章 非稳态流动问题的有限体积法 ·· 89

§7-1 非稳态流动问题的守恒方程 ·· 89
§7-2 非稳态扩散问题的离散方程 ·· 90
§7-3 非稳态对流扩散问题的离散方程 ······································ 101
§7-4 非稳态压力—速度耦合问题求解过程 ·································· 107
小结 ·· 110

第8章 边界条件处理 ·· 111

§8-1 引言 ·· 111
§8-2 进出口边界条件处理 ·· 113
§8-3 固体壁面边界条件处理 ·· 115
§8-4 压力边界条件和对称边界条件 ··· 120
小结 ·· 121

第9章 FLUENT 的应用举例 ·· 122

§9-1 二维室内机械通风 ·· 122
§9-2 二维室内自然通风 ·· 129
§9-3 通风房间空气龄的计算 ·· 135
§9-4 室内热舒适 PMV 和 PPD 的计算 ······································ 139
§9-5 室内颗粒物运动计算 ·· 151
§9-6 三维建模 ·· 160
小结 ·· 162

附录 用 Tecplot 查看例 2.1 计算结果 ·· 163

参考文献 ·· 167

第1章 绪 论

§1-1 概 述

有限体积法(Finite volume method)也称为控制容积法,是一种主要用于求解流体流动和传热问题的数值计算方法. 当前人们对流体流动和传热问题已经有了比较深刻的认识. 尽管理论上还有一些不完善之处,但绝大多数流动和传热问题都可以用数学公式来描述. 例如,一般认为下面一组笛卡尔坐标系下的方程可以用来表述绝大部分流体流动和传热问题.

质量守恒方程:

$$\frac{\partial \rho}{\partial t} + \mathrm{div}(\rho \boldsymbol{u}) = 0 \tag{1-1}$$

动量守恒方程:

$$\frac{\partial(\rho \boldsymbol{u})}{\partial t} + \mathrm{div}(\rho \boldsymbol{u}\boldsymbol{u}) = \mathrm{div}(\mu \cdot \mathrm{grad}\,\boldsymbol{u}) - \frac{\partial p}{\partial n} + S_n \tag{1-2}$$

能量守恒方程:

$$\frac{\partial(\rho i)}{\partial t} + \mathrm{div}(\rho \boldsymbol{u} i) = \mathrm{div}(\lambda \cdot \mathrm{grad}\,T) - p \cdot \mathrm{div}(\boldsymbol{u}) + \Phi + S_T \tag{1-3}$$

式中

$$\Phi = \mu \left\{ 2\left[\left(\frac{\partial u}{\partial x}\right)^2 + \left(\frac{\partial v}{\partial y}\right)^2 + \left(\frac{\partial w}{\partial z}\right)^2 \right] + \left(\frac{\partial u}{\partial y} + \frac{\partial v}{\partial x}\right)^2 + \left(\frac{\partial u}{\partial z} + \frac{\partial w}{\partial x}\right)^2 + \left(\frac{\partial v}{\partial z} + \frac{\partial w}{\partial y}\right)^2 \right\} + \lambda(\mathrm{div}(\boldsymbol{u}))^2$$

流体状态方程:

$$p = p(\rho, T) \text{ 和 } i = i(\rho, T) \tag{1-4}$$

式中,$\boldsymbol{u} = u\boldsymbol{i} + v\boldsymbol{j} + w\boldsymbol{k}$;$u$、$v$、$w$ 为流速在 x、y、z 坐标方向的分量;ρ 为流体密度;μ 为流体动力粘度;i 为流体内能;λ 为导热系数;p 为流体压力;S_n 为流体各方向的源(汇);S_T 为热源.

如果流体流动状态为紊流,由于紊态流动的复杂性,直接求解上述方程组的难度较大. 工程上采用所谓时均方程加紊流模型的求解方法,即把紊流流动看作时间平均流动和脉动流动的叠加. 这种方法将控制方程对时间做平均而把脉动流动的影响用紊流模型表示. 此时一般还要额外求解关于紊流模型的方程. 例如,常用的 k-ε 两方程紊流模型,还需求解下述两个方程.

紊动能 k 方程:

$$\frac{\partial(\rho k)}{\partial t}+\mathrm{div}(\rho \boldsymbol{u} k)=\mathrm{div}\left[\left(\mu+\frac{\mu_t}{\sigma_k}\right)\cdot\mathrm{grad}k\right]-\rho\varepsilon+\mu_t P_G \qquad (1\text{-}5)$$

紊动耗散率 ε 方程:

$$\frac{\partial(\rho\varepsilon)}{\partial t}+\mathrm{div}(\rho \boldsymbol{u}\varepsilon)=\mathrm{div}\left[\left(\mu+\frac{\mu_t}{\sigma_\varepsilon}\right)\cdot\mathrm{grad}\varepsilon\right]-\rho C_2\frac{\varepsilon^2}{k}+\mu_t C_1\frac{\varepsilon}{k}P_G \qquad (1\text{-}6)$$

式中

$$\mu_t=\rho C_\mu\frac{k^2}{\varepsilon}$$

$$P_G=2\left[\left(\frac{\partial u}{\partial x}\right)^2+\left(\frac{\partial v}{\partial y}\right)^2+\left(\frac{\partial w}{\partial z}\right)^2\right]+\left(\frac{\partial u}{\partial y}+\frac{\partial v}{\partial x}\right)^2+\left(\frac{\partial u}{\partial z}+\frac{\partial w}{\partial x}\right)^2+\left(\frac{\partial v}{\partial z}+\frac{\partial w}{\partial y}\right)^2$$

C_μ、σ_k、σ_ε、C_1、C_2 为常数(适用面较广的一组为 0.09、1.00、1.30、1.44、1.92).

显然,这一组方程在数学上太过复杂,目前还无法用解析的方法将其解出.因此,当前对流体流动和传热问题的研究除采用试验测量、试验模拟观察的方法外,在计算上主要采取两种措施:其一,根据具体问题中流体流动和传热的特征对方程进行简化,如无粘流、稳态流、不可压缩流、无热源传热、纯导热等;其二,采用数值计算的方法求解流动和传热方程.然而,即使经过简化,相当多的流动和传热方程仍然无法用解析的方法得到理论解.因此,数值计算方法即成为求解工程中流体流动和传热问题的最主要的方法.

§1-2 求解流体流动和传热问题的常用数值计算方法

数值计算是将描述物理现象的偏微分方程在一定的网格系统内离散,用网格节点处的场变量值近似描述微分方程中各项所表示的数学关系,按一定的物理定律或数学原理构造与微分方程相关的离散代数方程组.引入边界条件后求解离散代数方程组,得到各网格节点处的场变量分布,用这一离散的场变量分布近似代替原微分方程的解析解.当前求解流体流动和传热方程的数值计算方法比较多,如有限差分法、有限元法、有限体积法、边界元法、特征线法、谱方法、有限分析法、格子类方法等.每种数值计算方法各有其特点和适用范围,其中通用性比较好、应用比较广泛的是前 4 种.

一、有限差分法

有限差分法用差商代替微商,用计算区域网格节点值构成差商,近似表示微分方程中各阶导数.例如:

$$\left(\frac{\partial u}{\partial t}\right)_{i,n}\approx\frac{u_i^{n+1}-u_i^n}{\Delta t} \qquad (1\text{-}7)$$

节点 i 处速度对时间的一阶导数用一阶向前差分来表示,类似的可以有一阶向后差分,如:

$$\left(\frac{\partial u}{\partial t}\right)_{i,n}\approx\frac{u_i^n-u_i^{n-1}}{\Delta t} \qquad (1\text{-}8)$$

节点 i 处速度在 x 方向的一阶导数用一阶向前差分和向后差分来表示:

$$\left(\frac{\partial u}{\partial x}\right)_{i,n} \approx \frac{u_{i+1}^n - u_i^n}{\Delta x}, \quad \left(\frac{\partial u}{\partial x}\right)_{i,n} \approx \frac{u_i^n - u_{i-1}^n}{\Delta x} \tag{1-9}$$

中心差分：

$$\left(\frac{\partial u}{\partial t}\right)_{i,n} \approx \frac{u_i^{n+1} - u_i^{n-1}}{2\Delta t}, \quad \left(\frac{\partial u}{\partial x}\right)_{i,n} \approx \frac{u_{i+1}^n - u_{i-1}^n}{2\Delta x} \tag{1-10}$$

二阶导数的差分格式：

$$\left(\frac{\partial^2 u}{\partial x^2}\right)_{i,n} \approx \frac{u_{i+1}^n - 2u_i^n + u_{i-1}^n}{\Delta x^2} \tag{1-11}$$

当然也可以用二阶差分（三点差分）来表示差商。将表示场变量一阶导数和二阶导数的差商近似取代微分方程，就可以得到关于各网格点处的差分方程。求解这一组代数方程，可得各节点处的场变量数值解。

事实上，上述近似式是通过对求解域中某点进行 Taylor 展开得到的。例如，欲求点 (x_j, t_{n+1}) 处的未知函数值 u_j^{n+1}，由参考点 (x_j, t_n) 进行 Taylor 展开，有

$$u_j^{n+1} = u_j^n + \Delta t \left(\frac{\partial u}{\partial t}\right)_{j,n} + \frac{\Delta t^2}{2!}\left(\frac{\partial^2 u}{\partial t^2}\right)_{j,n} + \frac{\Delta t^3}{3!}\left(\frac{\partial^3 u}{\partial t^3}\right)_{j,n} + \cdots \tag{1-12}$$

即

$$\left(\frac{\partial u}{\partial t}\right)_{j,n} = \frac{u_j^{n+1} - u_j^n}{\Delta t} - \frac{\Delta t}{2!}\left(\frac{\partial^2 u}{\partial t^2}\right)_{j,n} - \frac{\Delta t^2}{3!}\left(\frac{\partial^3 u}{\partial t^3}\right)_{j,n} + \cdots \tag{1-13}$$

忽略掉二阶导数项及其更高阶导数项，就可得到关于时间向前差分的一阶导数近似表达式：

$$\left(\frac{\partial u}{\partial t}\right)_{j,n} \approx \frac{u_j^{n+1} - u_j^n}{\Delta t}$$

忽略掉各项之和引起的误差叫作截断误差，所忽略掉的最低阶导数前系数中的 Δt 或 Δx 的次数表示了截断误差的阶数，阶数越高表明截断误差越小。如前述向前差分格式得截断误差为一阶，而中心差分格式的截断误差为二阶。因此中心差分格式的计算精度比向前差分格式的计算精度要高。

有限差分形式简单，对任意复杂的偏微分方程都可以写出其对应的差分方程。但是有限差分方程的获得只是用差商代替微分方程中的微商（导数），而微分方程中各项的物理意义和微分方程所反应的物理定律（如守恒定律）在差分方程中并没有体现。因此具有不同流动或传热特征的实际问题在微分方程中所表现的特点，在差分方程中没有得到体现。所以差分方程只能认为是对微分方程的数学近似，基本上没有反映其物理特征。差分方程的计算结果有可能表现出某些不合理现象。

二、有限元法

有限元法是 20 世纪 60 年代出现的一种数值计算方法。它最初用于固体力学问题的数值计算，如杆系结构、梁系结构、板、壳、体结构的受力和变形问题。

20 世纪 70 年代在英国科学家 Zienkiewicz O.C. 等人的努力下，将它推广到各类场问题的数值求解，如温度场、电磁场，也包括流场。

有限元法离散方程获得方法主要有直接刚度法、虚功原理推导、泛函变分原理推导或加权余量推导。直接刚度法是直接从问题的物理定律、物理公式中得到有限元离散方程。它只适用于比较简单的问题,如梁单元受力变形的有限元离散方程。虚功原理一般只用于推导弹性力学中物体受力和变形问题的计算过程。变分原理是将微分方程求解问题转换为某泛函求极值问题,再对泛函的表达式进行一定的运算得到有限元离散方程。它可以被用于各类场问题的有限元离散方程的推导,但是首先要找到与所求解问题的微分方程对应的泛函,这不是一件容易的事情,在许多情况下所要求解的微分方程没有对应的泛函。例如,前述流体流动和传热的控制微分方程组就没有对应的泛函,因此变分原理推导法不能应用。这时一般采用加权余量法推导。加权余量法的思想很简单,设某物理问题的控制微分方程及其边界条件分别为

$$f(\varphi)=0 \quad (在域 \Omega 内) \tag{1-14}$$

$$g(\varphi)=0 \quad (在域 \Omega 边界 S 上) \tag{1-15}$$

φ 为待求函数。首先选定一个试探函数

$$\tilde{\varphi} = \sum_{i=1}^{n} c_i \varphi_i \tag{1-16}$$

式中,c_i 为待定常数;φ_i 为试探函数项。

将试探函数代入式(1-14)和式(1-15),一般来讲不可能正好满足,在域 Ω 内和边界 S 上会产生误差,即

$$f(\tilde{\varphi})=R \tag{1-17a}$$

$$g(\tilde{\varphi})=R_b \tag{1-17b}$$

式中,R 和 R_b 称为余量。加权余量法的基本思想是在域 Ω 内或边界 S 上寻找 n 个线性无关的函数 $\delta W_i (i=1,2,\cdots,n)$,使余量 R 和 R_b 在加权平均的意义上等于零,即

$$\int_{\Omega} R \cdot \delta W_i \mathrm{d}\Omega = 0 \tag{1-18a}$$

$$\int_{\Omega} R_b \cdot \delta W_i \mathrm{d}\Omega = 0 \tag{1-18b}$$

这里 δW_i 称为权函数。

式(1-18)表明了这样一个思想:尽管 $\tilde{\varphi}$ 本身不能满足微分方程式(1-14)和式(1-15),但是当其余量与许多线性无关的权函数相乘并积分时,这个余量在总体上接近于零,也就是说 $\tilde{\varphi}$ 在积分的意义上满足微分方程式(1-14)和式(1-15)。当 n 足够大时,$\tilde{\varphi}$ 就趋近于真解 φ。

有限元法的优点是解题能力强,可以比较精确地模拟各种复杂的曲线或曲面边界,网格的划分比较随意,可以统一处理多种边界条件,离散方程的形式规范,便于编制通用的计算机程序。因此,有限元法在固体力学方程的数值计算方面取得了巨大的成功。但是在应用于流体流动和传热方程求解过程中却遇到了一些困难。其原因仍可归结为按加权余量法推导出的有限元离散方程也只是对原微分方程的数学近似。当处理流动和传热问题的守恒性、强对流、不可压缩条件等方面的要求时,有限元离散方程中各项还无法给出合理的物理解释,对计算机中出现的一些误差也难以进行改进。因此有限元法在流体力学和传热学中的应用

还存在一些问题.

三、有限体积法

有限体积法是在有限差分法的基础上发展起来的,同时它又吸收了有限元法的一些优点. 有限体积法生成离散方程的方法很简单,可以看成有限元法加权余量法推导方程中令加权函数 $\delta W=1$ 而得到的积分方程. 但是方程的物理意义完全不同. 首先,积分的区域是与某节点相关的控制容积;其次,积分方程表示的物理意义是控制容积的通量平衡. 有限体积法推导其离散方程时以控制容积中的积分方程作为出发点,这一点与有限差分法直接从微分方程推导完全不同. 另外,有限体积法获得的离散方程,物理上表示的是控制容积的通量平衡,方程中各项有明确的物理意义,这也是有限体积法与有限差分法和有限元法相比更具优势的地方. 据此,有限体积法是目前在流体流动和传热问题求解中最有效的数值计算方法,已经得到了广泛的应用.

四、边界元法

边界元法是 20 世纪 70 年代后期针对有限差分法和有限元法占用计算机内存资源过多的缺点而发展起来的一种求解偏微分方程的数值计算方法. 它的最大优点是降维,只在求解区域的边界进行离散就能求得整个流场的解. 这样一来,三维问题降维为二维问题,二维问题降维为一维问题. 人们通过小机器求解大问题的愿望就有可能实现.

边界元法的基本思想并不复杂,用边界积分方法将求解域的边界条件与域内任意一点的待求变量值联系起来,然后求解边界积分方程即可. 但是边界积分方程的导出却不简单. 一般来讲,边界元法由于降维导致占用计算机内存资源少,计算精度较高,更适宜于大空间外部绕流计算,特别是无粘势流的计算采用边界元法有一定的优势. 但是,若流体描述方程(如粘性 N-S 方程)本身比较复杂时,则对应的权函数算子基本解不一定能找到. 因此,边界元法的应用受到很大限制.

§1-3 有限体积法的基本思想和特点

一、通用变量方程

尽管式(1-1)~式(1-3)、式(1-5)和式(1-6)是关于不同变量的方程,但它们有非常相似的形式. 如果我们引入一个通用变量(或特征变量)φ,则式(1-1)~式(1-3)、式(1-5)和式(1-6)可以写成统一的形式:

$$\frac{\partial(\rho\varphi)}{\partial t}+\operatorname{div}(\rho\boldsymbol{u}\varphi)=\operatorname{div}(\Gamma\cdot\operatorname{grad}\varphi)+S_\varphi \tag{1-19}$$

将 φ 取为不同的变量,并取扩散系数 Γ 和源项为适当的表达式,可得到连续性方程、动量方程、能量方程、紊动能方程和紊动耗散率方程,如表 1-1 所示.

表 1-1 通用变量方程中各参量取值

方程	φ	Γ_φ	S_φ
连续性方程	1	0	0
x 方向动量	u	$\mu+\mu_t$	$-\dfrac{\partial p}{\partial x}+S_{Mx}$
y 方向动量	v	$\mu+\mu_t$	$-\dfrac{\partial p}{\partial y}+S_{My}$
z 方向动量	w	$\mu+\mu_t$	$-\dfrac{\partial p}{\partial z}+S_{Mz}$
能量方程	i	λ	$-p\cdot\mathrm{div}(\boldsymbol{u})+\Phi+S_T$
k 方程	k	$\mu+\dfrac{\mu_t}{\sigma_k}$	$-\rho\varepsilon+\mu_t P_G$
ε 方程	ε	$\mu+\dfrac{\mu_t}{\sigma_\varepsilon}$	$-\rho C_2\dfrac{\varepsilon^2}{k}+\mu_t C_1\dfrac{\varepsilon}{k}P_G$

因此,式(1-19)称为通用变量方程或通用输运方程,统一表示各变量在流体输运过程中的守恒关系. 这是微分意义下的守恒,即在充分小流体微团内 φ 的守恒关系为

$$\varphi_{\text{随时间的变化率}}+\varphi_{\text{由于对流的流出率}}=\varphi_{\text{由于扩散引起的增加率}}+\varphi_{\text{由于源项引起的增加率}}$$

本书后面章节介绍有限体积法时就以式(1-19)来推导过程的出发点. 式(1-19)表示了各类模型方程,如

瞬态扩散方程:

$$\frac{\partial(\rho\varphi)}{\partial t}=\mathrm{div}(\Gamma\cdot\mathrm{grad}\varphi)+S_\varphi \tag{1-20}$$

稳态扩散方程:

$$\mathrm{div}(\Gamma\cdot\mathrm{grad}\varphi)+S_\varphi=0 \tag{1-21}$$

瞬态对流扩散方程:

$$\frac{\partial(\rho\varphi)}{\partial t}+\mathrm{div}(\rho\boldsymbol{u}\varphi)=\mathrm{div}(\Gamma\cdot\mathrm{grad}\varphi)+S_\varphi \tag{1-22}$$

稳态对流扩散方程:

$$\mathrm{div}(\rho\boldsymbol{u}\varphi)=\mathrm{div}(\Gamma\cdot\mathrm{grad}\varphi)+S_\varphi \tag{1-23}$$

将源项中压力梯度项分离出来还可以表示压力—速度耦合方程等.

压力—速度耦合方程:

$$\frac{\partial(\rho\boldsymbol{u})}{\partial t}+\mathrm{div}(\rho\boldsymbol{u}\boldsymbol{u})=\mathrm{div}(\Gamma\cdot\mathrm{grad}\boldsymbol{u})-\frac{\partial p}{\partial\boldsymbol{n}}+S_\varphi \tag{1-24}$$

二、有限体积法的基本思想

有限体积法与有限元法和有限差分法一样,也要对求解域进行离散,将其分割成有限大

小的离散网格。在有限体积法中每一网格节点按一定的方式形成一个包围该节点的控制容积 V(图 1-1)。

有限体积法的关键步骤是将控制微分方程式(1-19)在控制容积内进行积分,即

$$\int_V \frac{\partial(\rho\varphi)}{\partial t}\mathrm{d}V + \int_V \mathrm{div}(\rho\boldsymbol{u}\varphi)\mathrm{d}V = \int_V \mathrm{div}(\Gamma\cdot\mathrm{grad}\varphi)\mathrm{d}V + \int_V S_\varphi\mathrm{d}V \quad (1\text{-}25)$$

利用高斯散度定理,将式(1-25)中等号左端第二项(对流项)和等号右端第一项(扩散项)的体积分转换为关于控制容积 V 表面 A 上的面积分。

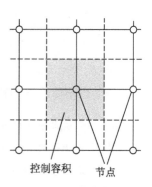

图 1-1 网格布置图

高斯散度定理表述为:对某矢量 $\boldsymbol{a}$ 的散度的体积分可写成如下形式:

$$\int_V \mathrm{div}(\boldsymbol{a})\mathrm{d}V = \int_A \boldsymbol{n}\cdot\boldsymbol{a}\mathrm{d}A \quad (1\text{-}26)$$

式中,$\boldsymbol{n}$ 为控制容积表面外法线方向的单位矢量。

奥斯特洛格拉德斯基公式表述为

$$\int_V \left(\frac{\partial P}{\partial x} + \frac{\partial Q}{\partial y} + \frac{\partial R}{\partial z}\right)\mathrm{d}V = \int_A P\mathrm{d}y\mathrm{d}z + Q\mathrm{d}z\mathrm{d}x + R\mathrm{d}x\mathrm{d}y \quad (1\text{-}27)$$

等式左端体积分的被积函数正是矢量 $\boldsymbol{a} = P\boldsymbol{i} + Q\boldsymbol{j} + R\boldsymbol{k}$ 的散度表达式。

利用式(1-26),可将式(1-25)改写为

$$\frac{\partial}{\partial t}\left(\int_V \rho\varphi\mathrm{d}V\right) + \int_A \boldsymbol{n}\cdot(\rho\boldsymbol{u}\varphi)\mathrm{d}A = \int_A \boldsymbol{n}\cdot(\Gamma\cdot\mathrm{grad}\varphi)\mathrm{d}A + \int_V S_\varphi\mathrm{d}V \quad (1\text{-}28)$$

这里我们将等号左端第一项中积分和微分的顺序变换了一下,以方便说明其物理意义。这一项表明特征变量 φ 的总量在控制容积 V 内随时间的变化量。而左端第二项中 $\boldsymbol{n}\cdot(\rho\boldsymbol{u}\varphi)$ 意味着特征变量 φ 由于对流流动沿控制容积表面外法线方向 $\boldsymbol{n}$ 的流动率(净流出)。因此方程左端第二项表示在控制容积中由于边界对流引起的 φ 的净减少量。等式右端第一项是扩散项的积分。扩散流的正方向应为 φ 的负梯度方向。例如,热量是沿着负的温度梯度方向传导的。而 $\boldsymbol{n}$ 为控制容积表面外法线方向,因此 $\boldsymbol{n}\cdot(-\Gamma\cdot\mathrm{grad}\varphi)$ 是 φ 向控制容积外的扩散率。所以 $\boldsymbol{n}\cdot(\Gamma\cdot\mathrm{grad}\varphi)$ 就表示 φ 向控制容积内的扩散率。从而等式右端第一项的物理意义为控制容积内特征变量 φ 由于边界扩散流动引起的净增加量。

用文字表述式(1-28)表示的特征变量 φ 在控制容积内的守恒关系为

φ 随时间的变化量 $+$ φ 由于边界对流引起的净减少量 $=$ φ 由于边界扩散引起的净增加量 $+$ φ 由于内源引起的净产生量

或

φ 随时间的变化量 $=$ φ 由于边界对流进入控制容积的量 $+$ φ 由于边界扩散进入控制容积的量 $+$ φ 由内源产生的量

对于稳态问题,由于时间相关项等于零,式(1-28)成为

$$\int_A \boldsymbol{n}\cdot(\rho\boldsymbol{u}\varphi)\mathrm{d}A = \int_A \boldsymbol{n}\cdot(\Gamma\cdot\mathrm{grad}\varphi)\mathrm{d}A + \int_V S_\varphi\mathrm{d}V \quad (1\text{-}29)$$

对于瞬态问题,还需要在时间间隔 Δt 内对式(1-28)积分,以表明从时刻 t 到时刻 $(t+\Delta t)$ 的时间段内 φ 仍保持其守恒性。

$$\int_{\Delta t}\frac{\partial}{\partial t}\left(\int_V \rho\varphi \mathrm{d}V\right)\mathrm{d}t + \int_{\Delta t}\int_A \boldsymbol{n}\cdot(\rho\boldsymbol{u}\varphi)\mathrm{d}A\mathrm{d}t = \int_{\Delta t}\int_A \boldsymbol{n}\cdot(\boldsymbol{\Gamma}\cdot\mathrm{grad}\varphi)\mathrm{d}A\mathrm{d}t + \int_{\Delta t}\int_V S_\varphi \mathrm{d}V\mathrm{d}t$$

(1-30)

三、有限体积法的特点

（1）有限体积法的出发点是积分形式的控制方程，这一点不同于有限差分法；同时积分方程表示了特征变量 φ 在控制容积内的守恒特性，这又与有限元法不一样．

（2）积分方程中每一项都有明确的物理意义，从而使得方程离散时，对各离散项可以给出一定的物理解释．这一点上，其他对于流动和传热问题的数值计算方法还不能做到．

（3）区域离散的节点网格与进行积分的控制容积分立．一般来讲，各节点有互不重叠的控制容积．从而整个求解域中场变量的守恒可以由各个控制容积中特征变量的守恒来保证．

正是由于有限体积法的这些特点，才使其成为当前求解流动和传热问题的数值计算中最成功的方法，现已被绝大多数工程流体和传热计算软件所采用．

小 结

（1）当前求解流体流动和传热方程的数值计算方法有：有限差分法、有限元法、有限体积法、边界元法、特征线法、谱方法、有限分析法、格子类方法等．每种数值计算方法各有其特点和适用范围，其中通用性比较好、应用比较广泛的是前 4 种．

（2）有限体积法对求解域进行离散，将其分割成有限大小的离散网格。在有限体积法中每一网格节点按一定的方式形成一个包围该节点的控制容积．

（3）有限体积法的关键是将控制微分方程式在控制容积内进行积分，从而将控制微分方程转化为代数方程．

（4）有限体积法保证了特征变量在控制容积内的守恒特性。方程离散时，各离散项可以给出一定的物理解释．

（5）有限体积法成为当前求解流动和传热问题的数值计算中最成功的方法，已经被绝大多数工程流体和传热计算软件所采用．

第 2 章 扩散问题的有限体积法

§2-1 一维稳态扩散问题的有限体积法计算格式

一维稳态扩散问题的控制微分方程为

$$\frac{\mathrm{d}}{\mathrm{d}x}\left(\Gamma\frac{\mathrm{d}\varphi}{\mathrm{d}x}\right)+S=0 \tag{2-1}$$

式中,φ 可以表示任意场变量,如温度、速度、焓等;Γ 为扩散系数;S 为源项.我们分三步来求解这一问题.

第一步:生成离散网格.

有限体积法首先将求解域划分成离散的控制容积,如图 2-1 所示,将 A—B 求解域划分成 5 个控制容积.区域边界即为边界控制容积的外边界.每一控制容积的中心布置一个节点.

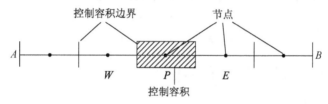

图 2-1 求解域划分

我们给出任意一个中间节点 P 代表的控制容积尺寸定义(图 2-2). P 点西侧相邻节点为 W,东侧相邻节点为 E,W 点到 P 点的距离定义为 δx_{WP},P 点到 E 点的距离定义为 δx_{PE};P 点所在的控制容积西侧边界为 w,东侧边界为 e,控制容积长度为 $\Delta x=\delta x_{we}$.

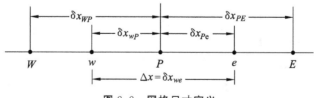

图 2-2 网格尺寸定义

第二步:方程的离散.

有限体积法是利用控制容积积分来实现方程的离散,在控制容积内对方程式(2-1)积分,并利用高斯散度定理,有

$$\int_{\Delta V} \frac{\mathrm{d}}{\mathrm{d}x}\left(\Gamma \frac{\mathrm{d}\varphi}{\mathrm{d}x}\right) \mathrm{d}V + \int_{\Delta V} S \mathrm{d}V = \oint_A \boldsymbol{n} \cdot \left(\Gamma \frac{\mathrm{d}\varphi}{\mathrm{d}x}\right) \mathrm{d}A + \int_{\Delta V} S \mathrm{d}V$$

$$= \left(\Gamma \frac{\mathrm{d}\varphi}{\mathrm{d}x}\right)_e - \left(\Gamma \frac{\mathrm{d}\varphi}{\mathrm{d}x}\right)_w + \bar{S} \Delta V = 0 \tag{2-2}$$

式中,A 为控制容积表面(积分方向)的面积,ΔV 为控制容积的体积,$\bar{S}$ 为源项在控制容积中的平均值。方程式(2-2)有十分明确的物理意义,场变量 φ 流出东侧界面的扩散流量减去进入西侧界面的扩散流量等于 φ 的生成量(由源项产生)。也就是说,场变量 φ 在控制容积内是平衡的。

要得到式(2-2)的具体形式,我们必须知道扩散系数 Γ 和场变量 φ 的梯度 $\frac{\mathrm{d}\varphi}{\mathrm{d}x}$ 在控制容积东(e)和西(w)边界上的值。这些值可以利用节点上的相应值由插值运算求出。最简单的计算是线性插值。例如,对均匀网格系统,有

$$\Gamma_w = \frac{\Gamma_W + \Gamma_P}{2}, \quad \Gamma_e = \frac{\Gamma_P + \Gamma_E}{2} \tag{2-3a}$$

同理

$$\left.\frac{\mathrm{d}\varphi}{\mathrm{d}x}\right|_e \approx \frac{\varphi_E - \varphi_P}{\delta x_{PE}}, \quad \left.\frac{\mathrm{d}\varphi}{\mathrm{d}x}\right|_w \approx \frac{\varphi_P - \varphi_W}{\delta x_{WP}} \tag{2-3b}$$

从而通过界面的扩散流量可为

$$\left(\Gamma A \frac{\mathrm{d}\varphi}{\mathrm{d}x}\right)_e = \Gamma_e A_e \left(\frac{\varphi_E - \varphi_P}{\delta x_{PE}}\right), \quad \left(\Gamma A \frac{\mathrm{d}\varphi}{\mathrm{d}x}\right)_w = \Gamma_w A_w \left(\frac{\varphi_P - \varphi_W}{\delta x_{WP}}\right) \tag{2-4}$$

源项可能是常数,也可能是场变量的函数,有限体积法通常将源项线性化处理,即设

$$\bar{S} \Delta V = S_u + S_P \varphi_P \tag{2-5}$$

将式(2-3)、式(2-4)、式(2-5)代入式(2-2),有

$$\Gamma_e A_e \left(\frac{\varphi_E - \varphi_P}{\delta x_{PE}}\right) - \Gamma_w A_w \left(\frac{\varphi_P - \varphi_W}{\delta x_{WP}}\right) + (S_u + S_P \varphi_P) = 0 \tag{2-6}$$

按场变量节点值整理方程式(2-6),得

$$\left(\frac{\Gamma_e}{\delta x_{PE}} A_e + \frac{\Gamma_w}{\delta x_{WP}} A_w - S_P\right) \varphi_P = \left(\frac{\Gamma_w}{\delta x_{WP}} A_w\right) \varphi_W + \left(\frac{\Gamma_e}{\delta x_{PE}} A_e\right) \varphi_E + S_u \tag{2-7}$$

将方程式中各节点场变量系数归一化处理,写成 a_P、a_W、a_E,方程式(2-7)成为

$$a_P \varphi_P = a_W \varphi_W + a_E \varphi_E + S_u \tag{2-8}$$

式中

$$a_W = \frac{\Gamma_w}{\delta x_{WP}} A_w, \quad a_E = \frac{\Gamma_e}{\delta x_{PE}} A_e, \quad a_P = a_W + a_E - S_P$$

方程式(2-8)即为一维稳态扩散方程式(2-1)的离散方程。对所有节点均可以列出对应的离散方程。最后我们将会得到一组代数方程。对于求解域边界处的控制容积积分方程要按边界条件修正各系数。

第三步:解方程组。

式(2-8)表示的方程组中每一个方程式相当于三元一次方程,因此我们得到的是一组三对角代数方程,用解线性代数方程组的任何方法都可以求解。最后得到各节点处的场变量值

φ_i,事实上对于三对角方程有十分简单高效的求解方法,后面章节将予以介绍.

例 2.1 用有限体积法求解下述无内热源一维稳态导热问题.

如图 2-3 所示,绝热棒长 $L=0.5$ m,截面积 $A=10\times10^{-3}$ m^2,左端温度 T_A 保持 100 ℃,右端温度 T_B 保持 500 ℃. 棒材料导热系数 $k=1\,000$ W/(m·K). 求绝热棒在稳定状态下的温度分布.

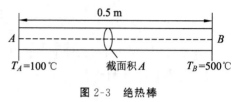

图 2-3 绝热棒

解: 上述问题数学模型如下:

$$\frac{\mathrm{d}}{\mathrm{d}x}\left(k\frac{\mathrm{d}T}{\mathrm{d}x}\right)=0 \tag{2-9}$$

边界条件

$$T\big|_{x=0}=T_A$$

$$T\big|_{x=L}=T_B$$

与式(2-1)相比,导热系数 k 代替了扩散系数 Γ,场变量 φ 在此处为温度 T,源项 $S=0$. 式(2-9)的解析解如式(2-10):

$$T=T_A-\frac{T_A-T_B}{L}x \tag{2-10}$$

用有限体积法求解时,我们采用前面讨论的三步求解方法.

第一步:生成离散网格.

将棒划分成 5 个控制容积(单元),如图 2-4 所示,此时 $\delta x=0.1$ m.

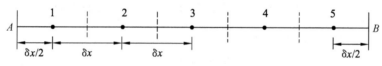

图 2-4 绝热棒离散网格

第二步:构造离散方程.

求解域中共有 5 个节点,利用式(2-8),节点 2、节点 3、节点 4 处可分别列出关于节点温度的离散方程:

$$\left(\frac{k_e}{\delta x_{PE}}A_e+\frac{k_w}{\delta x_{WP}}A_w\right)T_P=\left(\frac{k_w}{\delta x_{WP}}A_w\right)T_W+\left(\frac{k_e}{\delta x_{PE}}A_e\right)T_E \tag{2-11}$$

由于 $k_e=k_w=k$,$\delta x_{PE}=\delta x_{WP}=\delta x$,$A_e=A_w=A$ 均为常数,因此对节点 2、节点 3、节点 4 有离散方程

$$a_P T_P=a_W T_W+a_E T_E \tag{2-12}$$

式中

$$a_W=\frac{k}{\delta x}A,\quad a_E=\frac{k}{\delta x}A,\quad a_P=a_W+\alpha_E$$

因控制方程中无源项,所以 S_u 和 S_P 均为零.

节点 1 和节点 5 为边界节点，它们的离散方程需特殊处理．下面我们来讨论边界节点的离散方程．将式(2-9)在节点 1 的控制容积内积分，有

$$kA\left(\frac{T_E-T_P}{\delta x}\right)-kA\left(\frac{T_P-T_A}{\delta x/2}\right)=0 \tag{2-13}$$

这里采用了一个近似，即通过控制容积的西侧界面(此时为求解域边界 A)的扩散流量近似与边界节点 A 和节点 P(此时为节点 1)的温度线性相关．按节点温度将方程式(2-13)整理，得

$$\left(\frac{k}{\delta x}A+\frac{2k}{\delta x}A\right)T_P=0\times T_W+\left(\frac{k}{\delta x}A\right)T_E+\left(\frac{2k}{\delta x}A\right)T_A \tag{2-14}$$

将式(2-14)与式(2-8)比较可以看出，固定温度边界条件转化为源项 $S_u+S_P\varphi_P$ 进入控制容积积分方程，其中 $S_u=\frac{2k}{\delta x}A\cdot T_A$，$S_P=-\frac{2k}{\delta x}A$．同时西侧边界点(固定温度边界)的温度系数 a_W 为零．从而边界节点 1 的离散方程可写为

$$a_P T_P=a_W T_W+a_E T_E+S_u \tag{2-15}$$

式中

$$a_W=0, a_E=\frac{k}{\delta x}A, a_P=a_W+a_E-S_P, S_P=-\frac{2k}{\delta x}A, S_u=\frac{2k}{\delta x}A\cdot T_A$$

同理，将式(2-9)在节点 5 的控制容积内积分，有

$$kA\left(\frac{T_B-T_P}{\delta x/2}\right)-kA\left(\frac{T_P-T_W}{\delta x}\right)=0 \tag{2-16}$$

这里同样假设了从节点 P(节点 5)到边界点 B 扩散流的线性分布．按节点温度将方程式(2-16)重新整理，得

$$\left(\frac{k}{\delta x}A+\frac{2k}{\delta x}A\right)T_P=\left(\frac{k}{\delta x}A\right)T_W+0\times T_E+\left(\frac{2k}{\delta x}A\right)T_B \tag{2-17}$$

从而边界节点 5 的离散方程可写为

$$a_P T_P=a_W T_W+a_E T_E+S_u \tag{2-18}$$

式中

$$a_W=\frac{k}{\delta x}A, a_E=0, a_P=a_W+a_E-S_P, S_P=-\frac{2k}{\delta x}A, S_u=\frac{2k}{\delta x}A\cdot T_B$$

这样我们就得到了求解域内节点 1 到节点 5 的所有节点的离散方程．将已知数值代入式(2-12)、式(2-15)和式(2-18)，有 $\frac{kA}{\delta x}=100$．

从而可得下述代数方程组：

$$\begin{cases}300T_1=100T_2+200T_A\\200T_2=100T_1+100T_3\\200T_3=100T_2+100T_4\\200T_4=100T_3+100T_5\\300T_5=100T_4+200T_B\end{cases}$$

写成矩阵形式，有

$$\begin{bmatrix} 300 & -100 & 0 & 0 & 0 \\ -100 & 200 & -100 & 0 & 0 \\ 0 & -100 & 200 & -100 & 0 \\ 0 & 0 & -100 & 200 & -100 \\ 0 & 0 & 0 & -100 & 300 \end{bmatrix} \begin{bmatrix} T_1 \\ T_2 \\ T_3 \\ T_4 \\ T_5 \end{bmatrix} = \begin{bmatrix} 200T_A \\ 0 \\ 0 \\ 0 \\ 200T_B \end{bmatrix} \quad (2\text{-}19)$$

考虑到式(2-12)、式(2-15)和式(2-18)的统一表达形式,也可用下面的矩阵形式,T_0、T_6是计算域外的虚拟节点,其值的大小不影响 $T_1 \sim T_5$,是因为 T_1 对应的 $a_W=0$,即关于 T_1 的方程中,T_0 前的系数为零,T_0 无法影响 T_1 的值.同理 T_6 无法影响 T_5 的值.

$$\begin{bmatrix} 1 & 0 & 0 & 0 & 0 & 0 & 0 \\ -a_W & a_P & -a_E & 0 & 0 & 0 & 0 \\ 0 & -a_W & a_P & -a_E & 0 & 0 & 0 \\ 0 & 0 & -a_W & a_P & -a_E & 0 & 0 \\ 0 & 0 & 0 & -a_W & a_P & -a_E & 0 \\ 0 & 0 & 0 & 0 & -a_W & a_P & -a_E \\ 0 & 0 & 0 & 0 & 0 & 0 & 1 \end{bmatrix} \begin{bmatrix} T_0 \\ T_1 \\ T_2 \\ T_3 \\ T_4 \\ T_5 \\ T_6 \end{bmatrix} = \begin{bmatrix} 0 \\ S_u \\ 0 \\ 0 \\ 0 \\ S_u \\ 0 \end{bmatrix} \quad (2\text{-}20)$$

第三步:解方程组.

将 $T_A=100$, $T_B=500$ 代入,解方程组,可得

$$\begin{bmatrix} T_1 \\ T_2 \\ T_3 \\ T_4 \\ T_5 \end{bmatrix} = \begin{bmatrix} 140 \\ 220 \\ 300 \\ 380 \\ 460 \end{bmatrix}$$

上述问题求解的流程图如图2-5所示。

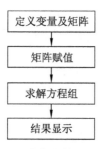

图 2-5 稳态导热求解流程

下面是 Visual C++ 平台上的程序设计,程序中有 Assign()、JacobiSolveEquation()、output1()、output2()和 main()五个函数. Assign()函数的作用是给矩阵赋值,JacobiSolveEquation()是用 Jacobi 点迭代的方法解方程组,output1()函数的作用是将计算结果输出至屏幕,output2()函数的作用是将计算结果输出至 my.dat 文件,以便用后处理 Tecplot 软件图形化显示计算结果,main()是主函数.在主函数中调用其他四个函数,实现问题的求解.

///////////计算程序 2.1///////////

```cpp
#include<iostream>
#include<math.h>
#include<iomanip>
#include<vector>
#include<fstream>
#include<sstream>
#include<string>
using namespace std;
const int n=5;                                          //节点数
const double k=1000;                                    //导热系数
const double TA=100;
const double TB=500;
const double A=0.01;
const double L=0.5;
const double dx=L/n;
const double aW=k/dx*A;
const double aE=k/dx*A;
double  Su,SP,a[n+2][n+2],b[n+2],T[n+2];                //矩阵系数、常数项及待求
                                                        //  场量


void Assign(double a[][n+2],double b[], int n)
{   //矩阵及常数项赋值
    a[0][0]=1; a[n+1][n+1]=1;                           //虚拟节点
    for(int i=2;i<=n-1;i++)                             //内节点
    { a[i][i-1]=-aW;   a[i][i+1]=-aE; a[i][i]=aW+aE-SP;}
                                                        //边界节点
    SP=-2*k/dx*A;
    Su=2*k/dx*A*TA;
    a[1][0]=0;a[1][2]=-aE;a[1][1]=0+aE-SP; b[1]=Su;
    Su=2*k/dx*A*TB;
    a[n][n-1]=-aW; a[n][n+1]=0; a[n][n]=aW+0-SP; b[n]=Su;
}


void JacobiSolveEquation(double a[][n+2],double b[], double x[], int n)
{    vector<double> x0(n+2,0);
     int openorclose=1;                                 //用于循环控制
```

```cpp
        double s;
    do
    { openorclose=0;
        for(int i=1;i<=n;i++)
        {   s=0;
            for( int p=1;p<=n;p++) if(p!=i)   s=s+a[i][p]*x0[p];
            x[i]=(b[i]-s)/a[i][i];
        }
        for (i=1;i<=n;i++)   if(fabs(x[i]-x0[i])>1.0e-8)
            openorclose=1;                              //精度比较
        for(i=1;i<=n;i++)   x0[i]=x[i];                 //重新设假设值
    }
    while(openorclose==1);
}

void output1()
{   for(int i=1;i<=n;i++) cout<<"T["<<i<<"]="<<T[i]<<endl; }

void output2()
{   ostringstream name;
    name<<"my.dat";
    ofstream out(name.str().c_str());
    int NY=1,NX=n-1;
    out<<"Title= \" 一维导热\""<<endl<<"VARIABLES=\"X\",\"Y\","
        \"T\""<<endl<<"ZONE Nodes="<<(NX+1)*(NY+1)<<","
        <<"Elements="<<NX*NY<<","<<"DATAPACKING=point"
        <<","<<"ZONETYPE=FEQUADRILATERAL"<<endl;
    for(int j=0;j<=NY;j++)
        for(int i=0;i<=NX;i++)
            out<<double(i)<<" "<<double(j)<<" "<<T[i]<<endl;
    for(j=1;j<=NY;j++)
        for(int i=1;i<=NX;i++)
            out <<i+(j-1)*(NX+1)<<" "<<i+j*(NX+1)<<" "
                <<i+j*(NX+1)+1<<" "<<i+(j-1)*(NX+1)+1
                <<endl;
}
```

```
void main()
{       Assign(a,b,n);
        JacobiSolveEquation(a,b,T,n);
        output1( );
        output2( );
}
```
////////////////////////////////

下图是用 Tecplot 读取 my.dat 显示的计算结果,具体的操作过程见附录.

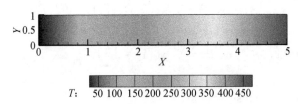

用有限体积法计算的结果与解析解比较如图 2-6 所示,两者相差无几,说明用有限体积法计算的结果是精确的.

例 2.2 具有内热源的一维稳态导热问题.

厚度 $L=2$ cm 的无限大平板,导热系数 $k=0.5$ W/(m·K),板内有均匀内热源 $q=1\,000$ kW/m^2,左端温度 T_A 保持 100 ℃,右端温度 T_B 保持 200 ℃. 求板内温度分布.

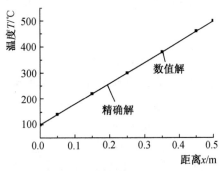

图 2-6 有限体积法计算结果与解析解比较

解: 无限大平板导热可以看作一维导热问题,上述问题数学模型如下:

$$\frac{d}{dx}\left(k\frac{dT}{dx}\right)+q=0 \tag{2-21}$$

边界条件:

$$T\Big|_{x=0}=T_A$$

$$T\Big|_{x=L}=T_B$$

式(2-21)与式(2-9)相比,仅是微分方程中多了 q 这一项. 求解步骤同例 2.1.

将方程式(2-21)对 x 积分两次,并应用边界条件 T_A、T_B,可得此问题的分析解:

$$T=\left[\frac{T_A-T_B}{L}+\frac{q}{2k}(L-x)\right]+T_A \tag{2-22}$$

下面采用有限体积法求解.

第一步:生成离散网格.

将板厚方向(x 方向)分成 5 个控制容积,每个控制容积中有一个节点,如图 2-7 所示. 此时 $\delta x=0.004$ m. 我们在 $y-z$ 平面方向只考虑单位面积的大小,即控制容积东西侧边界

面积 $A=1$.

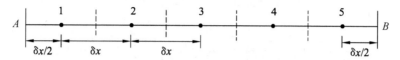

图 2-7 板厚方向离散网格

第二步：构造离散方程.

在控制容积上对方程式(2-21)积分，有

$$\int_{\Delta V}\frac{\mathrm{d}}{\mathrm{d}x}\left(k\frac{\mathrm{d}T}{\mathrm{d}x}\right)\mathrm{d}V+\int_{\Delta V}q\,\mathrm{d}V=0 \tag{2-23}$$

第一项与例 2.1 相同方法处理；第二项为源项，由于 q 为常数，可以取 $\int_{\Delta V}q\,\mathrm{d}V=q\Delta V$，对此一维问题，$\Delta V=A\delta x$，从而式(2-23)成为

$$k_e A_e\left(\frac{T_E-T_P}{\delta x}\right)-k_w A_w\left(\frac{T_P-T_W}{\delta x}\right)+qA\delta x=0 \tag{2-24}$$

按节点温度整理上式，得

$$\left(\frac{k_e}{\delta x}A_e+\frac{k_w}{\delta x}A_w\right)T_P=\left(\frac{k_w}{\delta x}A_w\right)T_W+\left(\frac{k_e}{\delta x}A_e\right)T_E+qA\delta x \tag{2-25}$$

由于 $k_e=k_w=k$，$A_e=A_w=A$，上式可写成通用形式：

$$a_P T_P=a_W T_W+a_E T_E+S_u \tag{2-26}$$

式中

$$a_W=\frac{kA}{\delta x},\ a_E=\frac{kA}{\delta x},\ a_P=a_W+a_E-S_P,\ S_P=0,\ S_u=qA\delta x$$

式(2-26)只适用于节点 2、节点 3、节点 4，边界节点 1、节点 5 仍需特殊处理.

为使离散方程能满足边界已知温度值，我们仍采用线性近似的方法，即区域边界处温度到相邻节点温度近似按线性变化. 在节点 1 的控制容积内对式(2-21)积分，有

$$k_e A_e\left(\frac{\mathrm{d}T}{\mathrm{d}x}\right)_e-k_w A_w\left(\frac{\mathrm{d}T}{\mathrm{d}x}\right)_w+qA\delta x=0 \tag{2-27}$$

在边界边 A 和节点 P（此时为节点 1）处引入线性温度近似，有

$$k_e A_e\left(\frac{T_E-T_P}{\delta x}\right)-k_w A_w\left(\frac{T_P-T_A}{\delta x/2}\right)+qA\delta x=0 \tag{2-28}$$

按节点温度整理上式，可得边界节点 1 所在控制容积积分方程：

$$a_P T_P=a_W T_W+a_E T_E+S_u \tag{2-29}$$

式中

$$a_W=0,\ a_E=\frac{k}{\delta x}A,\ a_P=a_W+a_E-S_P,\ S_P=-\frac{2k}{\delta x}A,\ S_u=qA\delta x+\frac{2kA}{\delta x}T_A$$

在节点 5，控制容积东侧界面为区域边界，温度为已知值. 类似于节点 1 控制容积积分，有

$$k_e A_e \left(\frac{dT}{dx}\right)_e - k_w A_w \left(\frac{dT}{dx}\right)_w + qA\delta x = 0 \tag{2-30}$$

$$k_e A_e \left(\frac{T_B - T_P}{\delta x/2}\right) - k_w A_w \left(\frac{T_P - T_W}{\delta x}\right) + qA\delta x = 0 \tag{2-31}$$

将上式按节点温度整理，得到边界节点 5 所在控制容积离散方程：

$$a_P T_P = a_W T_W + a_E T_E + S_u \tag{2-32}$$

式中

$$a_W = \frac{k}{\delta x} A, \quad a_E = 0, \quad a_P = a_W + a_E - S_P, \quad S_P = -\frac{2k}{\delta x} A, \quad S_u = qA\delta x + \frac{2kA}{\delta x} T_B$$

考虑到式(2-26)、式(2-29)和式(2-32)的统一表达形式，用下面的矩阵表示方程组：

$$\begin{bmatrix} 1 & 0 & 0 & 0 & 0 & 0 & 0 \\ -a_W & a_P & -a_E & 0 & 0 & 0 & 0 \\ 0 & -a_W & a_P & -a_E & 0 & 0 & 0 \\ 0 & 0 & -a_W & a_P & -a_E & 0 & 0 \\ 0 & 0 & 0 & -a_W & a_P & -a_E & 0 \\ 0 & 0 & 0 & 0 & -a_W & a_P & -a_E \\ 0 & 0 & 0 & 0 & 0 & 0 & 1 \end{bmatrix} \begin{bmatrix} T_0 \\ T_1 \\ T_2 \\ T_3 \\ T_4 \\ T_5 \\ T_6 \end{bmatrix} = \begin{bmatrix} 0 \\ S_u \\ S_u \\ S_u \\ S_u \\ S_u \\ 0 \end{bmatrix} \tag{2-33}$$

式(2-33)与式(2-20)相比，仅是常数项不同，程序设计同例 2.1。

将 $A = 1 \text{ m}^2$、$k = 0.5 \text{ W/(m·K)}$、$q = 1\,000 \text{ kW/m}^2$、$T_A = 100 \text{ ℃}$、$T_B = 200 \text{ ℃}$ 代入方程式(2-26)、式(2-29)和式(2-32)，可得离散方程各系数，有

$$\begin{bmatrix} 1 & 0 & 0 & 0 & 0 & 0 & 0 \\ 0 & 375 & -125 & 0 & 0 & 0 & 0 \\ 0 & -125 & 250 & -125 & 0 & 0 & 0 \\ 0 & 0 & -125 & 250 & -125 & 0 & 0 \\ 0 & 0 & 0 & -125 & 250 & -125 & 0 \\ 0 & 0 & 0 & 0 & -125 & 375 & 0 \\ 0 & 0 & 0 & 0 & 0 & 0 & 1 \end{bmatrix} \begin{bmatrix} T_0 \\ T_1 \\ T_2 \\ T_3 \\ T_4 \\ T_5 \\ T_6 \end{bmatrix} = \begin{bmatrix} 0 \\ S_u \\ S_u \\ S_u \\ S_u \\ S_u \\ 0 \end{bmatrix} \tag{2-34}$$

第三步：解方程组。

解上述方程组，可得

$$\begin{bmatrix} T_1 \\ T_2 \\ T_3 \\ T_4 \\ T_5 \end{bmatrix} = \begin{bmatrix} 150 \\ 218 \\ 254 \\ 258 \\ 230 \end{bmatrix}$$

有限体积法数值解与解析解的比较如图 2-8 所示，两者的误差很小，说明有限体积法数

值解是准确的.

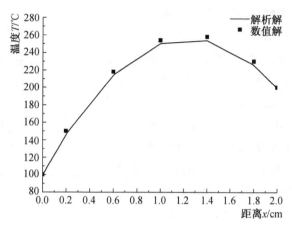

图 2-8 例 2.2 数值解与解析解的比较

将计算程序 2.1 中增加内热源 q 定义,并将 Assign()函数做如下修改即可.

```
void Assign(double a[][n+2],double b[], int n)
{    //矩阵及常数项赋值
    a[0][0]=1; a[n+1][n+1]=1;                                //虚拟节点
    for(int i=2;i<=n-1;i++)
    { a[i][i-1]=-aW;   a[i][i+1]=-aE; a[i][i]=aW+aE-SP;
      b[i]= q*A*dx                                           // 内节点
    }
    SP=-2*k/dx*A;
    Su=2*k/dx*A*TA+q*A*dx;
    a[1][0]=0;a[1][2]=-aE; a[1][1]=0+aE-SP; b[1]=Su;         //边界节点
    Su=2*k/dx*A*TB+q*A*dx;
    a[n][n-1]=-aW; a[n][n+1]=0; a[n][n]=aW+0-SP; b[n]=Su;
                                                             //边界节点
}
```

§2-2　多维稳态扩散问题的有限体积法求解

一、二维稳态扩散问题的有限体积法

一维稳态扩散问题的有限体积法可方便地推广到二维扩散问题. 二维稳态扩散问题的控制微分方程为

$$\frac{d}{dx}\left(\Gamma_x \frac{d\varphi}{dx}\right)+\frac{d}{dy}\left(\Gamma_y \frac{d\varphi}{dy}\right)+S=0 \tag{2-35}$$

这里 φ 仍可表示任意场变量，Γ 为扩散系数，Γ_x 与 Γ_y 可以不同，也可以相同．为简单起见，我们假设 $\Gamma_x = \Gamma_y = \Gamma$，$S$ 为源项．这里仍分三步求解．

第一步：生成离散网格．

图 2-9 为二维问题的网格系统的一部分，图中阴影区域为节点 P 的控制容积．控制容积界面 w、e 之间的距离为 Δx，界面 s、n 之间的距离为 Δy，Δx 可以不等于 Δy．与一维问题不同，节点 P 除了有西侧邻点 W 和东侧邻点 E 外，还有北侧邻点 N 和南侧邻点 S．节点 P 到 W 的 x 向距离仍记为 δx_{WP}，节点 P 到 E 的 x 向距离仍记为 δx_{PE}．另外，增加了南北向两个邻点距离，分别记为 δy_{SP} 和 δy_{PN}．w、e、n、s 分别取在点 W 与 P、P 与 E、N 与 P 和 P 与 S 的中间．

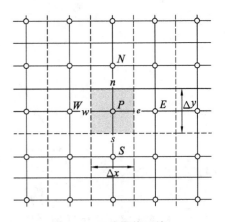

图 2-9 二维网格系统

第二步：构造离散方程．

按照有限体积法的基本思想，在控制容积中对式(2-35)积分，有

$$\int_{\Delta V} \frac{\mathrm{d}}{\mathrm{d}x}\left(\Gamma \frac{\mathrm{d}\varphi}{\mathrm{d}x}\right)\mathrm{d}V + \int_{\Delta V} \frac{\mathrm{d}}{\mathrm{d}y}\left(\Gamma \frac{\mathrm{d}\varphi}{\mathrm{d}y}\right)\mathrm{d}V + \int_{\Delta V} S \mathrm{d}V = 0 \qquad (2\text{-}36)$$

其中 $\mathrm{d}V = \mathrm{d}x \cdot \mathrm{d}y$．

由高斯散度定理，可得

$$\left[\Gamma_e A_e\left(\frac{\partial \varphi}{\delta x}\right)_e - \Gamma_w A_w\left(\frac{\partial \varphi}{\delta x}\right)_w\right] + \left[\Gamma_n A_n\left(\frac{\partial \varphi}{\delta y}\right)_n - \Gamma_s A_s\left(\frac{\partial \varphi}{\delta y}\right)_s\right] + \bar{S}\Delta V = 0 \qquad (2\text{-}37)$$

从图 2-9 可知 $A_e = A_w = \Delta y$，$A_n = A_s = \Delta x$．方程式(2-37)表示了场变量 φ 在控制容积内的平衡关系，即由于扩散而流入和流出的量与由于源项而产生的量之和为零．

为了计算式(2-37)中的各项，需要知道控制容积的东、西、南、北侧边界处的扩散率 Γ 和 $\frac{\partial \varphi}{\partial x}$、$\frac{\partial \varphi}{\partial y}$ 值．这里我们仍近似采用相邻节点处场变量值和扩散率值的线性插值的办法得到，即

$$\text{穿过西侧边界的扩散流} = \Gamma_w A_w \frac{\partial \varphi}{\partial x}\bigg|_w = \left(\frac{\Gamma_W + \Gamma_P}{2}\right) A_w \left(\frac{\varphi_P - \varphi_W}{\delta x_{WP}}\right) \qquad (2\text{-}38a)$$

$$\text{穿过东侧边界的扩散流} = \Gamma_e A_e \frac{\partial \varphi}{\partial x}\bigg|_e = \left(\frac{\Gamma_P + \Gamma_E}{2}\right) A_e \left(\frac{\varphi_E - \varphi_P}{\delta x_{PE}}\right) \qquad (2\text{-}38b)$$

$$\text{穿过南侧边界的扩散流} = \Gamma_s A_s \frac{\partial \varphi}{\partial y}\bigg|_s = \left(\frac{\Gamma_P + \Gamma_S}{2}\right) A_s \left(\frac{\varphi_P - \varphi_S}{\delta y_{SP}}\right) \qquad (2\text{-}38c)$$

$$\text{穿过北侧边界的扩散流} = \Gamma_n A_n \frac{\partial \varphi}{\partial y}\bigg|_n = \left(\frac{\Gamma_N + \Gamma_P}{2}\right) A_n \left(\frac{\varphi_N - \varphi_P}{\delta y_{PN}}\right) \qquad (2\text{-}38d)$$

将式(2-38)代入式(2-37)，可得

$$\Gamma_e A_e\left(\frac{\varphi_E - \varphi_P}{\delta x_{PE}}\right) - \Gamma_w A_w\left(\frac{\varphi_P - \varphi_W}{\delta x_{WP}}\right) + \Gamma_n A_n\left(\frac{\varphi_N - \varphi_P}{\delta y_{PN}}\right) - \Gamma_s A_s\left(\frac{\varphi_P - \varphi_S}{\delta y_{SP}}\right) + \bar{S}\Delta V = 0$$

$$(2\text{-}39)$$

将源项线性化处理 $\bar{S}\Delta V = S_u + S_P \varphi_P$，代入式(2-39)，并按节点场变量重新整理，有

$$\left(\frac{\Gamma_w A_w}{\delta x_{WP}}+\frac{\Gamma_e A_e}{\delta x_{PE}}+\frac{\Gamma_s A_s}{\delta y_{SP}}+\frac{\Gamma_n A_n}{\delta y_{PN}}-S_P\right)\varphi_P=\frac{\Gamma_w A_w}{\delta x_{WP}}\varphi_W+\frac{\Gamma_e A_e}{\delta x_{PE}}\varphi_E+\frac{\Gamma_s A_s}{\delta y_{SP}}\varphi_S+\frac{\Gamma_n A_n}{\delta y_{PN}}\varphi_N+S_u$$

(2-40)

各项系数用 a_P、a_W、a_E、a_S、a_N 代替并进行归一化处理,可将方程式(2-40)写成简洁的通用形式:

$$a_P\varphi_P=a_W\varphi_W+a_E\varphi_E+a_S\varphi_S+a_N\varphi_N+S_u \tag{2-41}$$

式中

$$a_W=\frac{\Gamma_w A_w}{\delta x_{WP}},\ a_E=\frac{\Gamma_e A_e}{\delta x_{PE}},\ a_S=\frac{\Gamma_s A_s}{\delta y_{SP}},\ a_N=\frac{\Gamma_n A_n}{\delta y_{PN}}$$

$$a_P=a_W+a_E+a_S+a_N-S_P$$

式(2-41)适用于求解域中所有内部节点的离散方程构造.

第三步:解方程组.

二维稳态扩散问题的有限体积法离散方程也是一组代数方程,用解线性代数方程组的任何方法都可求解.

例 2.3 如图 2-10 所示为二维受热平板,板长 $L=0.3$ m,高 $H=0.4$ m,厚 0.01 m,导热系数 $k=1\,000$ W/(m·K),西侧边界有稳定热流输入,热流密度 $q=500$ kW/m². 东侧边界绝热,南侧边界与外界温度 $T_\infty=200$ ℃ 的空气对流换热,对流换热系数 $h=253.165$ W/(m²·K). 北侧边界保持常温,$T_N=100$ ℃. 求板内温度分布.

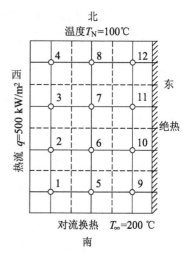

图 2-10 二维受热平板

解:

数学模型:

$$\frac{\partial}{\partial x}\left[k\frac{\partial T}{\partial x}\right]+\frac{\partial}{\partial y}\left[k\frac{\partial T}{\partial y}\right]=0 \tag{2-42}$$

边界条件:

$$-k\frac{\partial T}{\partial x}\bigg|_{x=0}=500\,000,\quad -k\frac{\partial T}{\partial x}\bigg|_{x=L}=0$$

$$k\frac{\partial T}{\partial x}\bigg|_{y=0}=h(T-T_\infty),\quad T\bigg|_{y=H}=100$$

取均匀网格如图 2-10 所示,$\delta x=\delta y=\Delta x=\Delta y=0.1$ m.

由式(2-41),平板内节点所满足的离散方程有如下形式:

$$a_P T_P=a_W T_W+a_E T_E+a_S T_S+a_N T_N \tag{2-43}$$

式中

$$a_W=\frac{k}{\delta x}A_w,\ a_E=\frac{k}{\delta x}A_e,\ a_S=\frac{k}{\delta y}A_s,\ a_N=\frac{k}{\delta y}A_n$$

$$a_P=a_W+a_E+a_S+a_N$$

除节点 6 和节点 7 以外的节点都是边界节点. 边界点的离散方程应有如下形式:

$$a_P T_P=a_W T_W+a_E T_E+a_S T_S+a_N T_N+S_u$$

$$a_P = a_W + a_E + a_S + a_N - S_P$$

边界条件分三类：第一类边界条件，已知边界上待求变量的值，如本例题北侧边界固定温度 T；第二类边界条件，已知边界上待求变量的一阶导数值，如导热问题中已知固定的热流密度或绝热，本例题西侧和东侧边界就属第二类边界条件；第三类边界条件，已知边界上待求变量的一阶导数与待求变量的关系，如本例题南侧边界对流换热条件就给出温度的一阶导数与温度的关系，属第三类边界条件。下面分析三类边界条件引入到离散方程的过程。

第一类边界条件引入过程：

从例 2.1 和例 2.2 我们已得出均匀网格固定温度 T 边界条件的等效源项：

$$S_u = \frac{2kA}{\Delta} T_b, \quad S_P = -\frac{2kA}{\Delta}$$

式中，A 为控制容积边界条件的面积，Δ 为垂直于边界边方向的控制容积长度，T_b 为边界上的已知温度值。

第二类边界条件引入过程：

对无热源一维导热方程式(2-9)在控制容积内积分

$$\int_{\Delta V} \frac{d}{dx}\left(k \frac{dT}{dx}\right) dV = \left(kA \frac{dT}{dx}\right)_e - \left(kA \frac{dT}{dx}\right)_w = 0$$

上式表示进出控制容积东西侧界面的热扩散流量平衡。

参看图 2-11，在东侧界面由线性近似可写出

$$\left(kA \frac{dT}{dx}\right)_e = kA_e \frac{T_E - T_P}{\delta x}$$

而西侧界面，按照边界条件，应有

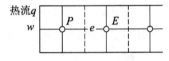

图 2-11 固定热流边界示意图

$$\left(kA \frac{dT}{dx}\right)_w = -qA$$

即热流密度 q 乘以面积等于热流：

$$\left(kA \frac{dT}{dx}\right)_e - \left(kA \frac{dT}{dx}\right)_w = k_e A_e \frac{T_E - T_P}{\delta x} + qA_w = 0$$

按节点温度整理，有

$$\left(\frac{k_e A_e}{\delta x}\right) T_P = 0 \times T_W + \left(\frac{k_e A_e}{\delta x}\right) T_E + qA_w \tag{2-44}$$

这样我们就得到了固定热流强度边界节点离散方程的系数表达式：

$$a_W = 0, \quad a_E = \frac{k_e A_e}{\delta x}, \quad a_P = a_W + a_E, \quad S_u = qA_w$$

第三类边界条件引入过程：

参看图 2-12，对流换热进入控制体的热流密度为

$$q = h(T_\infty - T_w)$$

另由导热 Fourier 定律，得

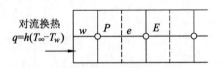

图 2-12 对流换热边界示意图

$$q = \frac{k(T_w - T_P)}{\delta x/2} = -\left(k\frac{dT}{dx}\right)_w$$

于是有

$$q = \frac{T_\infty - T_w}{1/h} = \frac{T_w - T_P}{\frac{\delta x/2}{k}} = \frac{T_\infty - T_P}{1/h + \frac{\delta x/2}{k}}$$

$$\left(kA\frac{dT}{dx}\right)_e - \left(kA\frac{dT}{dx}\right)_w = k_e A_e \frac{T_E - T_P}{\delta x} + qA_w$$

$$= k_e A_e \frac{T_E - T_P}{\delta x} + \frac{T_\infty - T_P}{1/h + \frac{\delta x/2}{k}} A_w = 0$$

按节点温度整理,有

$$\left(\frac{k_e A_e}{\delta x} + \frac{A_w}{1/h + \frac{\delta x/2}{k}}\right) T_P = 0 \times T_W + \frac{k_e A_e}{\delta x} T_E + \frac{T_\infty}{1/h + \frac{\delta x/2}{k}} A_w \quad (2\text{-}45)$$

这样我们就得到第三类边界节点离散方程的系数表达式:

$$a_W = 0, \quad a_E = \frac{k_e A_e}{\delta x}, \quad a_P = a_W + a_E - S_P,$$

$$S_P = -\frac{A_w}{1/h + \frac{\delta x/2}{k}}, \quad S_u = \frac{T_\infty}{1/h + \frac{\delta x/2}{k}} A_w$$

总结起来,三类边界条件的方程系数与源项列于表 2-1 中.

表 2-1 三类边界条件的方程系数及源项

边界条件	第一类边界条件	第二类边界条件	第三类边界条件
S_P	$-\dfrac{2kA}{\Delta}$	0	$-\dfrac{A}{1/h + \dfrac{\Delta/2}{k}}$
S_u	$\dfrac{2kA}{\Delta} T_b$	qA	$\dfrac{T_\infty}{1/h + \dfrac{\Delta/2}{k}} A$

利用表 2-1,我们可求出各点的离散方程.

节点 1:

西侧边界为固定热流强度边界,有

$$a_W = 0$$
$$(S_P)_w = 0$$
$$(S_u)_w = qA_w = 500\,000 \times 0.1 \times 0.01 = 500$$

东侧边界,有

$$a_E = \frac{k_e A_e}{\Delta x} = \frac{1\,000 \times 0.1 \times 0.01}{0.1} = 10$$

南侧边界为对流换热边界,有

$$a_S = 0$$

$$(S_P)_s = -\frac{A}{1/h + \frac{\Delta/2}{k}} = -\frac{0.1 \times 0.01}{1.0/253.165 + \frac{0.1/2}{1\,000}} = -0.25$$

$$(S_u)_s = \frac{A}{1/h + \frac{\Delta/2}{k}} T_\infty = 0.25 \times 200 = 50$$

北侧边界，有

$$a_N = \frac{k_n A_n}{\delta y} = \frac{1\,000 \times 0.1 \times 0.01}{0.1} = 10$$

则总源项为

$$S_P = (S_P)_w + (S_P)_s = -0.25$$
$$S_u = (S_u)_w + (S_u)_s = 500 + 50 = 550$$

方程系数与节点 1 离散方程为

$$a_P = a_W + a_E + a_S + a_N - S_P = 0 + 10 + 0 + 10 - (-0.25) = 20.25$$
$$20.25 T_1 = 10 T_2 + 10 T_5 + 550$$

节点 2、节点 3：

西侧边界为固定热流强度边界，有

$$a_W = 0,\ (S_P)_w = 0,\ (S_u)_w = qA_w = 500$$

东侧、南侧、北侧边界，分别有

$$a_E = 10,\ a_S = 10,\ a_N = 10$$

方程系数与节点 2、节点 3 离散方程为

$$a_P = a_W + a_E + a_S + a_N - S_P = 0 + 10 + 10 + 10 = 30$$
$$30 T_2 = 10 T_1 + 10 T_3 + 10 T_6 + 500$$
$$30 T_3 = 10 T_2 + 10 T_4 + 10 T_7 + 500$$

节点 4：

西侧边界为固定热流强度边界，有

$$a_W = 0,\ (S_P)_w = 0,\ (S_u)_w = qA_w = 500$$

东侧、南侧边界，分别有

$$a_E = 10,\ a_S = 10$$

北侧边界为固定温度边界，有

$$a_N = 10$$

$$(S_P)_n = -\frac{2k_n A_n}{\delta y} = -\frac{2 \times 1\,000 \times 0.1 \times 0.01}{0.1} = -20$$

$$(S_u)_n = -\frac{2k_n A_n}{\delta y} T_N = \frac{2 \times 1\,000 \times 0.1 \times 0.01}{0.1} \times 100 = 2\,000$$

总源项为

$$S_u = (S_u)_w + (S_u)_n = 500 + 2\,000 = 2\,500$$
$$S_P = (S_P)_w + (S_P)_n = 0 - 20 = -20$$

方程系数与节点 4 离散方程为
$$a_P = a_W + a_E + a_S + a_N - S_P = 0 + 10 + 10 + 0 - (-20) = 40$$
$$40T_4 = 10T_3 + 10T_8 + 2\,500$$

节点 5：

西侧、东侧、北侧边界，分别有
$$a_W = 10, \ a_E = 10, \ a_N = 10$$

南侧边界为对流换热边界，有
$$a_S = 0, \ (S_P)_s = -0.25, \ (S_u)_s = 50$$

方程系数与节点 5 离散方程为
$$a_P = a_W + a_E + a_S + a_N - S_P = 10 + 10 + 0 + 10 - (-0.25) = 30.25$$
$$30.25T_5 = 10T_1 + 10T_6 + 10T_9 + 50$$

节点 6、节点 7：

节点 6、节点 7 是内节点，西侧、东侧、南侧、北侧边界，分别有
$$a_W = 10, \ a_E = 10, \ a_S = 10, \ a_N = 10$$

方程系数与节点 6、节点 7 离散方程为
$$a_P = a_W + a_E + a_S + a_N = 10 + 10 + 10 + 10 = 40$$
$$40T_6 = 10T_2 + 10T_5 + 10T_7 + 10T_{10}$$
$$40T_7 = 10T_3 + 10T_6 + 10T_8 + 10T_{11}$$

节点 8：

西侧、东侧、南侧边界，分别有
$$a_W = 10, \ a_E = 10, \ a_S = 10$$

北侧边界为固定温度边界，分别有
$$a_N = 0, \ (S_P)_n = -20, \ (S_u)_n = 2\,000$$

方程系数与节点 8 离散方程为
$$a_P = a_W + a_E + a_S + a_N - S_P = 10 + 10 + 10 + 0 - (-20) = 50$$
$$50T_8 = 10T_4 + 10T_7 + 10T_{12} + 2\,000$$

节点 9：

西侧、北侧边界，分别有
$$a_W = 10, \ a_N = 10$$

南侧边界为对流换热边界，有
$$a_S = 0, \ (S_P)_s = -0.25, \ (S_u)_s = 50$$

东侧绝热边界，有
$$a_E = 0, \ (S_P)_e = 0, \ (S_u)_e = 0$$

方程系数与节点 9 离散方程为
$$a_P = a_W + a_E + a_S + a_N - S_P = 10 + 0 + 0 + 10 - (-0.25) = 20.25$$
$$20.25T_9 = 10T_5 + 10T_{10} + 50$$

节点 10、节点 11：

西侧、南侧、北侧边界，分别有
$$a_W = 10, \quad a_S = 10, \quad a_N = 10$$

东侧绝热边界，有
$$a_E = 0, \quad (S_P)_e = 0, \quad (S_u)_e = 0$$

方程系数与节点 10、节点 11 离散方程为
$$a_P = a_W + a_E + a_S + a_N - S_P$$
$$= 10 + 0 + 10 + 10 - 0 = 30$$
$$30T_{10} = 10T_6 + 10T_9 + 10T_{11}$$
$$30T_{11} = 10T_7 + 10T_{10} + 10T_{12}$$

节点 12：

西侧、南侧边界，分别有
$$a_W = 10, \quad a_S = 10$$

北侧边界为固定温度边界，有
$$a_N = 0, \quad (S_P)_n = -20, \quad (S_u)_n = 2\,000$$

东侧绝热边界，有
$$a_E = 0, \quad (S_P)_e = 0, \quad (S_u)_e = 0$$

方程系数与节点 12 离散方程为
$$a_P = a_W + a_E + a_S + a_N - S_P$$
$$= 10 + 0 + 10 + 0 - (-20) = 40$$
$$40T_{12} = 10T_8 + 10T_{11} + 2\,000$$

写成矩阵方程，有

$$\begin{bmatrix} 20.25 & -10 & & & -10 & & & & & & & \\ -10 & 30 & -10 & & & -10 & & & & & & \\ & -10 & 30 & -10 & & & -10 & & & & & \\ & & -10 & 40 & & & & -10 & & & & \\ -10 & & & & 30.25 & -10 & & & -10 & & & \\ & -10 & & & -10 & 40 & -10 & & & -10 & & \\ & & -10 & & & -10 & 40 & -10 & & & -10 & \\ & & & -10 & & & -10 & 50 & & & & -10 \\ & & & & -10 & & & & 20.25 & -10 & & \\ & & & & & -10 & & & -10 & 30 & -10 & \\ & & & & & & -10 & & & -10 & 30 & -10 \\ & & & & & & & -10 & & & -10 & 40 \end{bmatrix} \begin{bmatrix} T_1 \\ T_2 \\ T_3 \\ T_4 \\ T_5 \\ T_6 \\ T_7 \\ T_8 \\ T_9 \\ T_{10} \\ T_{11} \\ T_{12} \end{bmatrix} = \begin{bmatrix} 550 \\ 500 \\ 500 \\ 2\,500 \\ 50 \\ 0 \\ 0 \\ 2\,000 \\ 50 \\ 0 \\ 0 \\ 2\,000 \end{bmatrix}$$

解此方程,得

$$\begin{bmatrix} T_1 \\ T_2 \\ T_3 \\ T_4 \\ T_5 \\ T_6 \\ T_7 \\ T_8 \\ T_9 \\ T_{10} \\ T_{11} \\ T_{12} \end{bmatrix} = \begin{bmatrix} 256.97 \\ 240.22 \\ 204.39 \\ 145.93 \\ 225.15 \\ 209.29 \\ 177.03 \\ 129.31 \\ 209.83 \\ 194.75 \\ 165.13 \\ 123.61 \end{bmatrix}$$

//////计算程序 2.2/////////

```cpp
#include<iostream>
#include<cmath>
#include<cstdlib>
#include<iomanip>
#include<fstream>
#include<sstream>
#include<string>
#include<vector>
using namespace std;
const int NY=4;
const int NX=3;
const int n=NY*NX;                    //节点数
double  a[n+1][n+1],b[n+1],x[n+1],T[NX][NY];
                                      //矩阵系数、常数项及待求场量
void Initial(double a[][n+1],double b[], int n)
{   //矩阵及常数项赋值,本算例将上述的矩阵系数及常数项直接赋值
        for(int i=1;i<=n;i++)
        {   for(int j=1;j<=n;j++)  a[i][j]=0;
            b[i]=0;
        }
        a[1][1]=20.25; a[1][2]=-10; a[1][5]=-10; b[1]=550;
        a[2][1]=-10; a[2][2]=30; a[2][3]=-10;a[2][6]=-10; b[2]=500;
        a[3][2]=-10; a[3][3]=30; a[3][4]=-10; a[3][7]=-10; b[3]=500;
        a[4][3]=-10; a[4][4]=40; a[4][8]=-10; b[4]=2500;
```

```
    a[5][1]=-10; a[5][5]=30.25; a[5][6]=-10; a[5][9]=-10; b[5]=50;
    a[6][2]=-10; a[6][5]=-10; a[6][6]=40; a[6][7]=-10; a[6][10]=-10;
    a[7][3]=-10; a[7][6]=-10; a[7][7]=40; a[7][8]=-10; a[7][11]=-10;
    a[8][4]=-10; a[8][7]=-10; a[8][8]=50; a[8][12]=-10; b[8]=2000;
    a[9][5]=-10; a[9][9]=20.25; a[9][10]=-10; b[9]=50;
    a[10][6]=-10; a[10][9]=-10; a[10][10]=30; a[10][11]=-10;
    a[11][7]=-10; a[11][10]=-10; a[11][11]=30; a[11][12]=-10;
    a[12][8]=-10; a[12][11]=-10; a[12][12]=40; b[12]=2000;
}

void Jacobi(double a[][n+1],double b[], double x[], int n)
                                      //雅可比点迭代求方程组
{ vector<double> x0(n+1,0);
    int openorclose=1;                //用于循环控制
    double s;
    do
    { openorclose=0;
        for(int k=1;k<=n;k++)
        { s=0;
            for(int p=1;p<=n;p++)    if(p!=k)   s=s+a[k][p]*x0[p];
            x[k]=(b[k]-s)/a[k][k];
        }
        for(k=1;k<=n;k++)
            if(fabs(x[k]-x0[k])>1.0e-6)   openorclose=1;
                                      //精度比较
        for(k=1;k<=n;k++)   x0[k]=x[k];
                                      //重新设假设值
    }while(openorclose==1);
}

void   output( )
{ for(int k=1; k<=n; k++)   cout<<"T["<<k<<"]="<<x[k]<<endl;
    for(int i=0;i<=NY-1;i++)
        for(int j=0;j<=NX-1;j++)
            T[i][j]=x[i+1+j*NY];
    ostringstream name;
    name<<"my2D.dat";
```

```
    ofstream out(name.str().c_str());
    out<<"Title= \"二维导热\""<<endl<<"VARIABLES=\"X\",\"Y\",\"T\""
       <<endl<<"ZONE Nodes="<<(NX)*(NY)<<","<<"Elements="
       <<(NX-1)*(NY-1)<<","<<"DATAPACKING=point"<<","
       <<"ZONETYPE=FEQUADRILATERAL"<<endl;
    for(int j=0;j<=NY-1;j++)
      for(int i=0;i<=NX-1;i++)
        out<<double(i)<<" "<<double(j)<<" "<<T[i][j]<<endl;
    for(j=1;j<=NY-1;j++)
      for(i=1;i<=NX-1;i++)
        out<<i+(j-1)*(NX)<<" "<<i+j*(NX)<<" "<<i+j*(NX)+1
           <<" "<<i+(j-1)*(NX)+1<<endl;  //输出由存储点围成的四边形
}


void main()
{   Initial(a,b,n);
    Jacobi(a,b,x,n);
    output();
}
///////////////
```

图 2-13 是用 Tecplot 读取 my2D.dat 显示的计算结果.

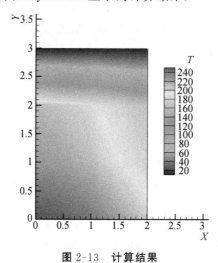

图 2-13　计算结果

二、三维稳态扩散问题的有限体积法

三维稳态扩散问题满足下述控制方程:

$$\frac{d}{dx}\left(\Gamma_x \frac{d\varphi}{dx}\right) + \frac{d}{dy}\left(\Gamma_y \frac{d\varphi}{dy}\right) + \frac{d}{dz}\left(\Gamma_z \frac{d\varphi}{dz}\right) + S = 0 \quad (2\text{-}46)$$

这时应采用三维网格系统来离散求解域.典型的控制容积如图2-14所示.

节点P有6个相邻节点,分别位于东、西、南、北、上、下.与二维问题类似,e、w、s、n、t、b分别代表控制容积的东侧、西侧、南侧、北侧、上侧和下侧边界表面.

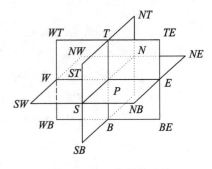

图 2-14 三维网格系统

在控制容积内对方程式(2-46)积分,有

$$\left[\Gamma_e A_e \left(\frac{\partial \varphi}{\delta x}\right)_e - \Gamma_w A_w \left(\frac{\partial \varphi}{\delta x}\right)_w\right] + \left[\Gamma_n A_n \left(\frac{\partial \varphi}{\delta y}\right)_n - \Gamma_s A_s \left(\frac{\partial \varphi}{\delta y}\right)_s\right]$$
$$+ \left[\Gamma_t A_t \left(\frac{\partial \varphi}{\delta z}\right)_t - \Gamma_b A_b \left(\frac{\partial \varphi}{\delta z}\right)_b\right] + \bar{S}\Delta V = 0 \quad (2\text{-}47)$$

与一维、二维扩散问题推导过程一样,式(2-47)可近似写为

$$\Gamma_e A_e \left(\frac{\varphi_E - \varphi_P}{\delta x_{PE}}\right) - \Gamma_w A_w \left(\frac{\varphi_P - \varphi_W}{\delta x_{WP}}\right) + \Gamma_n A_n \left(\frac{\varphi_N - \varphi_P}{\delta y_{PN}}\right)$$
$$- \Gamma_s A_s \left(\frac{\varphi_P - \varphi_S}{\delta y_{SP}}\right) + \Gamma_t A_t \left(\frac{\varphi_T - \varphi_P}{\delta z_{PT}}\right) - \Gamma_b A_b \left(\frac{\varphi_P - \varphi_B}{\delta z_{BP}}\right) + S_u + S_P \varphi_P = 0 \quad (2\text{-}48)$$

按节点场变量值整理方程式(2-48),可得

$$a_P \varphi_P = a_W \varphi_W + a_E \varphi_E + a_S \varphi_S + a_N \varphi_N + a_B \varphi_B + a_T \varphi_T + S_u \quad (2\text{-}49)$$

式中

$$a_W = \frac{\Gamma_w A_w}{\delta x_{WP}}, \quad a_E = \frac{\Gamma_e A_e}{\delta x_{PE}}, \quad a_S = \frac{\Gamma_s A_s}{\delta y_{SP}}, \quad a_N = \frac{\Gamma_n A_n}{\delta y_{PN}}, \quad a_B = \frac{\Gamma_b A_b}{\delta z_{BP}}, \quad a_T = \frac{\Gamma_t A_t}{\delta z_{PT}}$$

$$a_P = a_W + a_E + a_S + a_N + a_B + a_T - S_P$$

边界条件的处理与例2.1、例2.2、例2.3中的处理方式类似,取相应边界系数a为零,同时计算相应的等效源项.

小 结

(1) 对于稳态扩散方程

$$\text{div}(\Gamma \cdot \text{grad}\varphi) + S = 0$$

有限体积法在离散网格的控制容积内积分,构成控制容积的扩散通量平衡式:

$$\int_{\Delta V} \text{div}(\Gamma \cdot \text{grad}\varphi) dV + \int_{\Delta V} S dV = 0$$

(2) 本章推导了稳态扩散问题的有限体积法离散方程形式,一维、二维和三维扩散问题的离散方程可以写成下述统一的形式:

$$a_P \varphi_P = \sum a_{nb} \varphi_{nb} + S_u$$

上式是关于一般节点P的离散方程通用表达式.式中a_{nb}表示所有与P点相邻的节点上场变量的系数.对二维问题a_{nb}为a_W、a_E、a_S、a_N;对三维问题a_{nb}为a_W、a_E、a_S、a_N、a_B、a_T.φ_{nb}是

场变量 φ 在 P 点相邻节点上的值.

（3）节点 P 的离散方程系数 a_P 满足下式：
$$a_P = \sum a_{nb} - S_P$$

（4）离散方程中与 P 点相邻节点的系数如表 2-2 所示.

表 2-2　扩散问题离散方程中与 P 点相邻节点的系数

维数	a_W	a_E	a_S	a_N	a_B	a_T
一维	$\dfrac{\Gamma_w A_w}{\delta x_{WP}}$	$\dfrac{\Gamma_e A_e}{\delta x_{PE}}$				
二维	$\dfrac{\Gamma_w A_w}{\delta x_{WP}}$	$\dfrac{\Gamma_e A_e}{\delta x_{PE}}$	$\dfrac{\Gamma_s A_s}{\delta y_{SP}}$	$\dfrac{\Gamma_n A_n}{\delta y_{PN}}$		
三维	$\dfrac{\Gamma_w A_w}{\delta x_{WP}}$	$\dfrac{\Gamma_e A_e}{\delta x_{PE}}$	$\dfrac{\Gamma_s A_s}{\delta y_{SP}}$	$\dfrac{\Gamma_n A_n}{\delta y_{PN}}$	$\dfrac{\Gamma_b A_b}{\delta z_{BP}}$	$\dfrac{\Gamma_t A_t}{\delta z_{PT}}$

（5）源项在积分中可以线性化处理，即
$$\bar{S}\Delta V = S_u + S_P \varphi_P$$

而
$$\bar{S} = \frac{\int_{\Delta V} S \, dV}{\Delta V}.$$

（6）扩散问题的边界条件处理是通过使相应的边界边的对应节点系数为零，并用额外的等效源项加入到离散方程中表示的.

第 3 章

对流扩散问题的有限体积法

§3-1 一维稳态对流扩散问题的有限体积法计算格式

无源项一维稳态对流扩散问题的一般场变量 φ 应满足下述控制微分方程:

$$\frac{\mathrm{d}}{\mathrm{d}x}(\rho u \varphi) = \frac{\mathrm{d}}{\mathrm{d}x}\left(\Gamma \frac{\mathrm{d}\varphi}{\mathrm{d}x}\right) \tag{3-1}$$

式中,u 为 φ 在 x 方向的流动速度. 这一流动必须是连续的,即满足连续性方程

$$\frac{\mathrm{d}}{\mathrm{d}x}(\rho u) = 0 \tag{3-2}$$

式中,ρ 为流体密度. 此时可认为 u 为已知值.

采用控制容积(图 3-1)积分,有

$$\int_{\Delta V} \frac{\mathrm{d}}{\mathrm{d}x}(\rho u \varphi) \mathrm{d}x = \int_{\Delta V} \frac{\mathrm{d}}{\mathrm{d}x}\left(\Gamma \frac{\mathrm{d}\varphi}{\mathrm{d}x}\right) \mathrm{d}x \tag{3-3}$$

同理

$$\int_{\Delta V} \frac{\mathrm{d}}{\mathrm{d}x}(\rho u) \mathrm{d}x = 0 \tag{3-4}$$

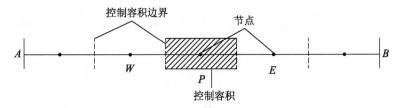

图 3-1 P 点周围节点与控制容积

由高斯散度公式知,控制容积内积分的对流扩散方程式(3-3)可写成

$$\int_A \boldsymbol{n} \cdot (\rho u \varphi) \mathrm{d}A = \int_A \boldsymbol{n} \cdot \left(\Gamma \frac{\mathrm{d}\varphi}{\mathrm{d}x}\right) \mathrm{d}A$$

式中,A 为控制容积边界面积. 即

$$(\rho u \varphi A)_e - (\rho u \varphi A)_w = \left(\Gamma A \frac{\mathrm{d}\varphi}{\mathrm{d}x}\right)_e - \left(\Gamma A \frac{\mathrm{d}\varphi}{\mathrm{d}x}\right)_w \tag{3-5}$$

类似地,连续性方程可写为

$$\int_A \boldsymbol{n} \cdot (\rho u) \mathrm{d}A = \boldsymbol{0}$$

即

$$(\rho u A)_e - (\rho u A)_w = 0 \tag{3-6}$$

按照与推导扩散问题离散方程时采用的相同方法近似计算：

$$\varphi_e \approx \frac{\varphi_P + \varphi_E}{2}, \quad \varphi_w \approx \frac{\varphi_W + \varphi_P}{2}, \quad \Gamma_e \approx \frac{\Gamma_P + \Gamma_E}{2}, \quad \Gamma_w \approx \frac{\Gamma_W + \Gamma_P}{2}$$

$$\left(\frac{\mathrm{d}\varphi}{\mathrm{d}x}\right)_e \approx \left(\frac{\Delta\varphi}{\Delta x}\right)_e = \frac{\varphi_E - \varphi_P}{\delta x_{PE}}, \quad \left(\frac{\mathrm{d}\varphi}{\mathrm{d}x}\right)_w \approx \left(\frac{\Delta\varphi}{\Delta x}\right)_w = \frac{\varphi_P - \varphi_W}{\delta x_{WP}}$$

为书写简便，这里定义两个参数：$F = \rho u$ 为通过单位控制容积界面的对流流量；而 $D = \frac{\Gamma}{\delta x}$ 为单位界面上扩散阻力的倒数（扩导）．

$$F_w = (\rho u)_w, \quad F_e = (\rho u)_e \tag{3-7a}$$

$$D_w = \frac{\Gamma_w}{\delta x_{WP}}, \quad D_e = \frac{\Gamma_e}{\delta x_{PE}} \tag{3-7b}$$

设 $A_w = A_e = A$，将式(3-7)表示的参数代入式(3-5)和式(3-6)，有

$$\frac{F_e}{2}(\varphi_P + \varphi_E) - \frac{F_w}{2}(\varphi_W + \varphi_P) = D_e(\varphi_E - \varphi_P) - D_w(\varphi_P - \varphi_W) \tag{3-8a}$$

$$F_e - F_w = 0 \tag{3-8b}$$

式(3-8a)可写成按节点场变量排列的形式：

$$\left[\left(D_w - \frac{F_w}{2}\right) + \left(D_e + \frac{F_e}{2}\right)\right]\varphi_P = \left(D_w + \frac{F_w}{2}\right)\varphi_W + \left(D_e - \frac{F_e}{2}\right)\varphi_E$$

或

$$\left[\left(D_w + \frac{F_w}{2}\right) + \left(D_e - \frac{F_e}{2}\right) + (F_e - F_w)\right]\varphi_P = \left(D_w + \frac{F_w}{2}\right)\varphi_W + \left(D_e - \frac{F_e}{2}\right)\varphi_E$$

这样，我们就用节点参数值表示出了对流扩散问题的代数方程．它具有与扩散问题离散方程相同的标准形式：

$$a_P \varphi_P = a_W \varphi_W + a_E \varphi_E \tag{3-9}$$

式中

$$a_W = D_w + \frac{F_w}{2}, \quad a_E = D_e - \frac{F_e}{2}, \quad a_P = a_W + a_E + (F_e - F_w)$$

在离散区域内的所有内节点都可以利用式(3-9)写出对流扩散问题的离散方程．这将生成与扩散问题离散方程一样形式的三对角方程组，引入边界条件后求解可得到各节点处的场变量 φ 值．下面通过例子说明方程组的建立、边界条件的引入和方程求解过程．

例 3.1 设某场变量 φ 经过对流扩散过程从一维区域的 $x=0$ 点输运到 $x=L$ 点，流体密度 $\rho = 1.0 \text{ kg/m}^3$，$L = 1.0 \text{ m}$，扩散系数 $\Gamma = 0.1 \text{ kg/(m·s)}$，如图 3-2 所示．求：

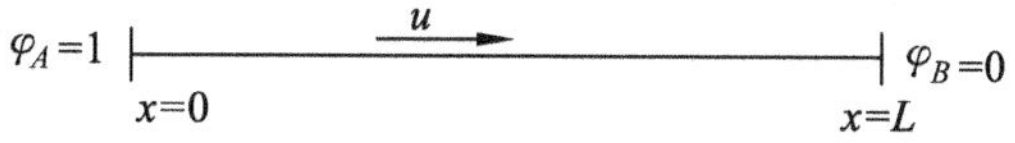

图 3-2 例 3.1 图

(1) 当流速 $u = 0.1 \text{ m/s}$ 离散成 5 个节点网格时 φ 的分布；

(2) 当流速 $u = 2.5 \text{ m/s}$ 离散成 5 个节点网格时 φ 的分布；

(3) 当流速 $u=2.5$ m/s 离散成 20 个节点网格时 φ 的分布.

已知此题的理论解为

$$\frac{\varphi-\varphi_A}{\varphi_B-\varphi_A}=\frac{\exp\left(\frac{\rho u x}{\Gamma}\right)-1}{\exp\left(\frac{\rho u L}{\Gamma}\right)-1} \tag{3-10}$$

解:该问题数学模型:

$$\frac{\mathrm{d}}{\mathrm{d}x}(\rho u \varphi)=\frac{\mathrm{d}}{\mathrm{d}x}\left(\Gamma\frac{\mathrm{d}\varphi}{\mathrm{d}x}\right)$$

边界条件:

$$\varphi|_{x=0}=\varphi_A=1$$
$$\varphi|_{x=L}=\varphi_B=0$$

求解区域的离散网络系统如图 3-3 所示.

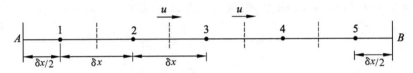

图 3-3 离散成 5 个节点网格

设 $A_w=A_e=A=1$,每一控制容积长度 $\delta x=0.2$ m,此时,$F=\rho u$,$D=\frac{\Gamma}{\delta x}$,$F_e=F_w=F$,$D_e=D_w=D$ 对所有控制容积成立.中间节点 2、3、4 的离散方程与式(3-9)一致,边界节点 1、节点 5 需特殊处理.

对节点 1 所在的控制容积积分,按节点场变量整理,有

$$\left[\left(D_e+\frac{F_e}{2}\right)+2D_A\right]\varphi_P=0\times\varphi_W+\left(D_e-\frac{F_e}{2}\right)\varphi_E+(2D_A+F_A)\varphi_A$$

即

$$a_P\varphi_P=0\times\varphi_W+a_E\varphi_E+S_u$$

式中

$$a_W=0, \quad a_E=D_e-\frac{F_e}{2}, \quad a_P=a_W+a_E+(F_e-F_w)-S_P$$

$$S_P=-(2D_A+F_w), \quad S_u=(2D_A+F_A)\varphi_A$$

当 $\rho u=$ 常数,a_P 表达式中 $(F_e-F_w)=0$.

同理,对节点 5 所在的控制容积积分,可得

$$F_B\varphi_B-\frac{F_w}{2}(\varphi_P+\varphi_W)=2D_B(\varphi_B-\varphi_P)-D_w(\varphi_P-\varphi_W)$$

按节点场变量,有

$$\left[\left(D_w-\frac{F_w}{2}\right)+2D_B\right]\varphi_P=\left(D_w+\frac{F_w}{2}\right)\varphi_W+0\times\varphi_E+(2D_B-F_B)\varphi_B$$

即

$$a_P\varphi_P=a_W\varphi_W+0\times\varphi_E+S_u$$

式中

$$a_W = D + \frac{F}{2},\ a_E = 0,\ a_P = a_W + a_E + (F_e - F_w) - S_P$$

$$S_P = -(2D_B - F_e),\ S_u = -(2D_B - F_B)\varphi_B$$

由于 $F_w = F_e = F_A = F_B = F, D_w = D_e = D_A = D_B = D$，总结起来，我们得到如表 3-1 所示的离散方程系数和等效源项计算公式.

表 3-1 例 3.1 离散方程系数和等效源项计算公式

节点	a_W	a_E	S_P	a_P	S_u
1	0	$D - \frac{F}{2}$	$-(2D+F)$	$3D + \frac{F}{2}$	$(2D+F)\varphi_A$
2、3、4	$D + \frac{F}{2}$	$D - \frac{F}{2}$	0	$2D$	0
5	$D + \frac{F}{2}$	0	$-(2D-F)$	$3D - \frac{F}{2}$	$(2D-F)\varphi_B$

考虑统一表达形式，可用下面的矩阵形式，φ_0、φ_6 是计算区域外的虚拟节点上的值，其值大小不影响 $\varphi_1 \sim \varphi_5$.

$$\begin{bmatrix} 1 & 0 & 0 & 0 & 0 & 0 & 0 \\ 0 & 3D+\frac{F}{2} & -\left(D-\frac{F}{2}\right) & 0 & 0 & 0 & 0 \\ 0 & -\left(D+\frac{F}{2}\right) & 2D & -\left(D-\frac{F}{2}\right) & 0 & 0 & 0 \\ 0 & 0 & -\left(D+\frac{F}{2}\right) & 2D & -\left(D-\frac{F}{2}\right) & 0 & 0 \\ 0 & 0 & 0 & -\left(D+\frac{F}{2}\right) & 2D & -\left(D-\frac{F}{2}\right) & 0 \\ 0 & 0 & 0 & 0 & -\left(D+\frac{F}{2}\right) & 3D-\frac{F}{2} & 0 \\ 0 & 0 & 0 & 0 & 0 & 0 & 1 \end{bmatrix} \begin{bmatrix} \varphi_0 \\ \varphi_1 \\ \varphi_2 \\ \varphi_3 \\ \varphi_4 \\ \varphi_5 \\ \varphi_6 \end{bmatrix} = \begin{pmatrix} 0 \\ (2D+F)\varphi_A \\ 0 \\ 0 \\ 0 \\ (2D-F)\varphi_B \\ 0 \end{pmatrix}$$

1. 第一种计算工况

$u = 0.1\ \text{m/s}, F = \rho u = 0.1, D = \dfrac{\Gamma}{\delta x} = 0.5, \varphi_A = 1, \varphi_B = 0$，代入上述矩阵中，得

$$\begin{bmatrix} 1 & 0 & 0 & 0 & 0 & 0 & 0 \\ 0 & 1.55 & -0.45 & 0 & 0 & 0 & 0 \\ 0 & -0.55 & 1.0 & -0.45 & 0 & 0 & 0 \\ 0 & 0 & -0.55 & 1.0 & -0.45 & 0 & 0 \\ 0 & 0 & 0 & -0.55 & 1.0 & -0.45 & 0 \\ 0 & 0 & 0 & 0 & -0.55 & 1.45 & 0 \\ 0 & 0 & 0 & 0 & 0 & 0 & 1 \end{bmatrix} \begin{bmatrix} \varphi_0 \\ \varphi_1 \\ \varphi_2 \\ \varphi_3 \\ \varphi_4 \\ \varphi_5 \\ \varphi_6 \end{bmatrix} = \begin{bmatrix} 0 \\ 1.1 \\ 0 \\ 0 \\ 0 \\ 0 \\ 0 \end{bmatrix}$$

解此方程可得

$$\begin{bmatrix} \varphi_1 \\ \varphi_2 \\ \varphi_3 \\ \varphi_4 \\ \varphi_5 \end{bmatrix} = \begin{bmatrix} 0.9421 \\ 0.8006 \\ 0.6276 \\ 0.4163 \\ 0.1579 \end{bmatrix}$$

将已知数据代入分析解表达式(3-10)中,可得

$$\varphi(x) = \frac{2.7183 - \exp(x)}{1.7183}$$

分析解和数值解的结果比较如图 3-4 所示.

应该说数值计算结果比较接近精确解,尽管计算网络比较粗糙,但仍能得到合理结果.

2. 第二种计算工况

$u = 2.5 \text{ m/s}, F = \rho u = 2.5$,仍采用 5 个相等距离排列的节点网络系统.利用前面推导得到的离散方程系数计算公式,有矩阵:

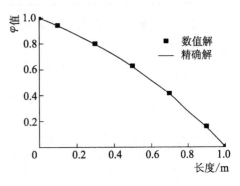

图 3-4 例 3.1 数值解与分析解比较(一)

$$\begin{bmatrix} 1 & 0 & 0 & 0 & 0 & 0 & 0 \\ 0 & 2.75 & 0.75 & 0 & 0 & 0 & 0 \\ 0 & -1.75 & 1.0 & 0.75 & 0 & 0 & 0 \\ 0 & 0 & -1.75 & 1.0 & 0.75 & 0 & 0 \\ 0 & 0 & 0 & -1.75 & 1.0 & 0.75 & 0 \\ 0 & 0 & 0 & 0 & -1.75 & 0.25 & 0 \\ 0 & 0 & 0 & 0 & 0 & 0 & 1 \end{bmatrix} \begin{bmatrix} \varphi_0 \\ \varphi_1 \\ \varphi_2 \\ \varphi_3 \\ \varphi_4 \\ \varphi_5 \\ \varphi_6 \end{bmatrix} = \begin{bmatrix} 0 \\ 3.5 \\ 0 \\ 0 \\ 0 \\ 0 \\ 0 \end{bmatrix}$$

解此方程可得

$$\begin{bmatrix} \varphi_1 \\ \varphi_2 \\ \varphi_3 \\ \varphi_4 \\ \varphi_5 \end{bmatrix} = \begin{bmatrix} 1.0356 \\ 0.8694 \\ 1.2573 \\ 0.3521 \\ 2.4644 \end{bmatrix}$$

而分析计算公式为

$$\varphi(x) = \frac{\exp(25) - \exp(25x)}{\exp(25) - 1}$$

数值解与分析解的数值比较示于图 3-5.

从图 3-5 可以看出,数值解是在精确解周围振荡的,计算精度是不可接受的. 因此必须采取措施提高数值解的计算精度. 对于数值计算,最直接的方法就是加密计算网络.

3. 第三种计算工况

$u=2.5 \text{ m/s}$,计算区域取 20 个节点,则 $\delta x = 0.05$,$F=\rho u=2.5$,$D=\dfrac{\Gamma}{\delta x}=\dfrac{0.1}{0.05}=2.0$,数值解

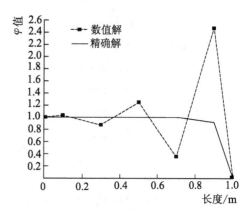

图 3-5 例 3.1 数值解与分析解比较(二)

与分析解的计算结果示于图 3-6 中. 从图中可以看出两者吻合得相当好. 网格从 5 个加密到 20 个,使得 $\dfrac{F}{D}$ 从 5 减小到 1.25,可见网格加密可有效地改善数值解的计算精度. $\dfrac{F}{D}$ 的物理意义和与数值计算精度的关系将在第 4 章中讨论.

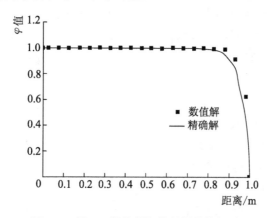

图 3-6 例 3.1 数值解与分析解比较(三)

下面的计算程序 3.1 可以分别求解上述的三个工况. 如将程序中解方程组的 TDMA() 函数换为上一章计算程序 2.1 中 Jacobi 点迭代 JacobiSolveEquation() 函数,上述的第二个工况将无法计算.

///////////计算程序 3.1///////////

```
#include<iostream>
#include<math.h>
#include<iomanip>
#include<vector>
#include<fstream>
#include<sstream>
#include<string>
```

```cpp
using namespace std;
const double L=1.0;                                    //棒长
const double gamma=0.1;                                //扩散系数
const double rho=1.0;                                  //密度
const double phiA=1;                                   //φ_A,边界值
const double phiB=0;                                   //φ_B,边界值
const int n=5;                                         //节点数
const double u=2.5;                                    //速度
const double F=rho*u;                                  //对流通量
const double dx=L/n;                                   //网格大小
const double D=gamma/dx;                               //扩散通量
double a[n+2][n+2],b[n+2],phi[n+2];                    //矩阵系数、常数项及待求场量
void Assign(double a[][n+2],double b[], int n)         //设置矩阵系数
{ a[0][0]=1; a[n+1][n+1]=1;                            //虚拟节点
  for(int i=2;i<=n-1;i++)
  { a[i][i-1]=-(D+F/2.0);
    a[i][i+1]=-(D-F/2.0);
    a[i][i]=2*D;                                       //内节点
  }
  a[1][2]=-(D-F/2.0);
  a[1][1]=3*D+F/2.0;
  b[1]=(2*D+F)*phiA;                                   //左边界节点
  a[n][n-1]=-(D+F/2.0);
  a[n][n]=3*D-F/2.0;
  b[n]=(2*D-F)*phiB;                                   //右边界节点
}


void TDMA(double a[][n+2],double b[], double phi[], int n )
                                                       //解方程组
{ int j;
  vector<double> C(n+2,0),phi1(n+2,0),alph(n+2,0),belt(n+2,0),
    D(n+2,0),A(n+2,0),Cpi(n+2,0);
  for(j=0;j<=n+1;j++)
  { belt[j]=-a[j][j-1];D[j]=a[j][j];alph[j]=-a[j][j+1];
    C[j]=b[j];                                         //TDMA系数赋值
  }
  //消元
```

```
     for(j=1;j<=n+1;j++)
     { A[j]=alph[j]/(D[j]-belt[j]*A[j-1]);
       Cpi[j]=(belt[j]*Cpi[j-1]+C[j])/(D[j]-belt[j]*A[j-1]);
     }                                              //回代
     phi1[n+1]=Cpi[n+1];
     for(j=n;j>=1;j--)
         phi1[j]=A[j]*phi1[j+1]+Cpi[j];             //φ₁ 值传给 φ
     for(j=1;j<=n+1;j++)
         phi[j]=phi1[j];
}


void output( )                                      //输出
{ for(int i=1; i<=n; i++) cout<<"phi["<<i<<"]="<<phi[i]<<endl; }


void main()                                         //主程序
{ Assign(a,b,n);
  TDMA(a,b,phi,n);
  output( );
}
/////////////////////////////////////
```

§3-2 多维稳态对流扩散问题的有限体积法求解

一、二维对流扩散问题计算格式

仿照一维对流扩散问题,可推导出二维对流扩散问题的计算格式.

二维对流扩散问题控制微分方程的一般形式为

$$\frac{\partial}{\partial x}(\rho u \varphi)+\frac{\partial}{\partial y}(\rho v \varphi)=\frac{\partial}{\partial x}\left(\Gamma \frac{\partial \varphi}{\partial x}\right)+\frac{\partial}{\partial y}\left(\Gamma \frac{\partial \varphi}{\partial y}\right)+S \tag{3-11}$$

式中,φ 为场变量,u 为 x 方向的流速,v 为 y 方向的流速.在推导过程中认为 u、v 是已知值.

仍采用图 2-9 所示离散网络系统,对方程式(3-11)在图 3-7 所示控制容积内积分,有

$$\int_{\Delta V}\frac{\partial}{\partial x}(\rho u \varphi)\mathrm{d}V+\int_{\Delta V}\frac{\partial}{\partial y}(\rho v \varphi)\mathrm{d}V=\int_{\Delta V}\frac{\partial}{\partial x}\left(\Gamma \frac{\partial \varphi}{\partial x}\right)\mathrm{d}V+\int_{\Delta V}\frac{\partial}{\partial y}\left(\Gamma \frac{\partial \varphi}{\partial y}\right)\mathrm{d}V+\int_{\Delta V}S\mathrm{d}V \tag{3-12}$$

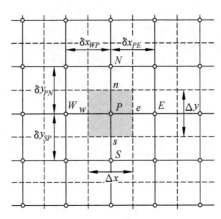

图 3-7 P 点控制容积

从图 3-7 可知，控制容积的边界面积（长度）$A_w = A_e = \Delta y$，$A_n = A_s = \Delta x$。由高斯公式，方程式(3-12)可写成

$$[(\rho u \varphi A)_e - (\rho u \varphi A)_w] + [(\rho v \varphi A)_n - (\rho v \varphi A)_s]$$
$$= \left(\Gamma A \frac{\partial \varphi}{\partial x}\right)_e - \left(\Gamma A \frac{\partial \varphi}{\partial x}\right)_w + \left(\Gamma A \frac{\partial \varphi}{\partial y}\right)_n - \left(\Gamma A \frac{\partial \varphi}{\partial y}\right)_s + \bar{S}\Delta x \Delta y \tag{3-13}$$

利用前述近似方法计算通过控制容积界面的场变量值或其导数值如下．

穿过东侧边界的对流量：

$$C_e = (\rho u)_e A_e \varphi \big|_e = \frac{(\rho u)_e A_e (\varphi_E + \varphi_P)}{2} \tag{3-14a}$$

穿过东侧边界的扩散量：

$$I_e = \Gamma_e A_e \frac{\partial \varphi}{\partial x}\bigg|_e = \Gamma_e A_e \frac{\varphi_E - \varphi_P}{\delta x_{PE}} \tag{3-14b}$$

穿过西侧边界的对流量：

$$C_w = (\rho u)_w A_w \varphi \big|_w = \frac{(\rho u)_w A_w (\varphi_P + \varphi_W)}{2} \tag{3-14c}$$

穿过西侧边界的扩散量：

$$I_w = \Gamma_w A_w \frac{\partial \varphi}{\partial x}\bigg|_w = \Gamma_w A_w \frac{\varphi_P - \varphi_W}{\delta x_{WP}} \tag{3-14d}$$

穿过北侧边界的对流量：

$$C_n = (\rho v)_n A_n \varphi \big|_n = \frac{(\rho v)_n A_n (\varphi_N + \varphi_P)}{2} \tag{3-14e}$$

穿过北侧边界的扩散量：

$$I_n = \Gamma_n A_n \frac{\partial \varphi}{\partial y}\bigg|_n = \Gamma_n A_n \frac{\varphi_N - \varphi_P}{\delta y_{PN}} \tag{3-14f}$$

穿过南侧边界的对流量：

$$C_s = (\rho v)_s A_s \varphi \big|_s = \frac{(\rho v)_s A_s (\varphi_P + \varphi_S)}{2} \tag{3-14g}$$

穿过南侧边界的扩散量：

$$I_s = \Gamma_s A_s \frac{\partial \varphi}{\partial y}\bigg|_s = \Gamma_s A_s \frac{\varphi_P - \varphi_S}{\delta y_{SP}} \tag{3-14h}$$

源项：

$$\bar{S}\Delta V = S_u + S_P \varphi_P$$

与一维对流扩散问题计算格式推导时类似，令 $F = \rho u A$（或 $F = \rho v A$），$D = \frac{\Gamma A}{\delta x}$（或 $D = \frac{\Gamma A}{\delta y}$），则有

$$\left.\begin{aligned}&F_e = (\rho u)_e A_e, \ F_w = (\rho u)_w A_w, \ F_n = (\rho v)_n A_n, \ F_s = (\rho v)_s A_s \\ &D_e = \frac{\Gamma_e A_e}{\delta x_{PE}}, \ D_w = \frac{\Gamma_w A_w}{\delta x_{WP}}, \ D_n = \frac{\Gamma_n A_n}{\delta y_{PN}}, \ D_s = \frac{\Gamma_s A_s}{\delta y_{SP}}\end{aligned}\right\} \tag{3-15}$$

将其代入式(3-14)，并将式(3-14)代入式(3-13)，有

$$\frac{F_e}{2}(\varphi_E + \varphi_P) - \frac{F_w}{2}(\varphi_P + \varphi_W) + \frac{F_n}{2}(\varphi_N + \varphi_P) - \frac{F_s}{2}(\varphi_P + \varphi_S) \tag{3-16}$$
$$= D_e(\varphi_E - \varphi_P) - D_w(\varphi_P - \varphi_W) + D_n(\varphi_N - \varphi_P) - D_s(\varphi_P - \varphi_S) + S_u + S_P \varphi_P$$

按节点场变量整理，有

$$\left[\left(D_w - \frac{F_w}{2}\right) + \left(D_e + \frac{F_e}{2}\right) + \left(D_s - \frac{F_s}{2}\right) + \left(D_n + \frac{F_n}{2}\right) - S_P\right]\varphi_P \tag{3-17}$$
$$= \left(D_w + \frac{F_w}{2}\right)\varphi_W + \left(D_e - \frac{F_e}{2}\right)\varphi_E + \left(D_s + \frac{F_s}{2}\right)\varphi_S + \left(D_n - \frac{F_n}{2}\right)\varphi_N + S_u$$

进一步整理（在 φ_P 系数中加入 $F_e - F_e + F_w - F_w + F_s - F_s + F_n - F_n$），可得

$$\left[\left(D_w + \frac{F_w}{2}\right) + \left(D_e - \frac{F_e}{2}\right) + \left(D_s + \frac{F_s}{2}\right) + \left(D_n - \frac{F_n}{2}\right) + (F_e - F_w) + (F_n - F_s) - S_P\right]\varphi_P$$
$$= \left(D_w + \frac{F_w}{2}\right)\varphi_W + \left(D_e - \frac{F_e}{2}\right)\varphi_E + \left(D_s + \frac{F_s}{2}\right)\varphi_S + \left(D_n - \frac{F_n}{2}\right)\varphi_N + S_u \tag{3-18}$$

即

$$a_P \varphi_P = a_W \varphi_W + a_E \varphi_E + a_S \varphi_S + a_N \varphi_N + S_u \tag{3-19}$$

式中

$$a_W = D_w + \frac{F_w}{2}, \ a_E = D_e - \frac{F_e}{2}, \ a_S = D_s + \frac{F_s}{2}, \ a_N = D_n - \frac{F_n}{2}$$
$$a_P = a_W + a_E + a_S + a_N + \Delta F - S_P, \quad \Delta F = F_e - F_w + F_n - F_s$$

式(3-18)或式(3-19)适合于计算区域所有内部节点的离散方程构造。引入边界条件后即可构成整个对流扩散问题的离散方程组，它仍然是一组代数方程，求解之可得各节点处的场变量值 φ_i。

二、三维对流扩散问题通用离散方程格式

三维对流扩散问题的控制微分方程为

$$\frac{\partial}{\partial x}(\rho u \varphi) + \frac{\partial}{\partial y}(\rho v \varphi) + \frac{\partial}{\partial z}(\rho w \varphi) = \frac{\partial}{\partial x}\left(\Gamma \frac{\partial \varphi}{\partial x}\right) + \frac{\partial}{\partial y}\left(\Gamma \frac{\partial \varphi}{\partial y}\right) + \frac{\partial}{\partial z}\left(\Gamma \frac{\partial \varphi}{\partial z}\right) + S \tag{3-20}$$

式中，u、v、w 分别为场变量 φ 在 x、y、z 方向的对流流动速度.

完全仿照二维对流扩散问题离散方程的推导方法，同时采用与图 2-14 相同的控制容积结构，可推导出三维对流扩散问题有限体积法计算公式：

$$\left[\left(D_w+\frac{F_w}{2}\right)+\left(D_e-\frac{F_e}{2}\right)+\left(D_s+\frac{F_s}{2}\right)+\left(D_n-\frac{F_n}{2}\right)+\left(D_b+\frac{F_b}{2}\right)+\left(D_t-\frac{F_t}{2}\right)\right]$$
$$+\left[(F_e-F_w)+(F_n-F_s)+(F_t-F_b)-S_P\right]\varphi_P$$
$$=\left(D_w+\frac{F_w}{2}\right)\varphi_W+\left(D_e-\frac{F_e}{2}\right)\varphi_E+\left(D_s+\frac{F_s}{2}\right)\varphi_S+\left(D_n-\frac{F_n}{2}\right)\varphi_N$$
$$+\left(D_b+\frac{F_b}{2}\right)\varphi_B+\left(D_t-\frac{F_t}{2}\right)\varphi_T+S_u$$

(3-21)

方程各系数如表 3-2 所示.

表 3-2　对流扩散问题离散方程系数

系数	一维	二维	三维
a_W	$D_w+\dfrac{F_w}{2}$	$D_w+\dfrac{F_w}{2}$	$D_w+\dfrac{F_w}{2}$
a_E	$D_e-\dfrac{F_e}{2}$	$D_e-\dfrac{F_e}{2}$	$D_e-\dfrac{F_e}{2}$
a_S	—	$D_s+\dfrac{F_s}{2}$	$D_s+\dfrac{F_s}{2}$
a_N	—	$D_n-\dfrac{F_n}{2}$	$D_n-\dfrac{F_n}{2}$
a_B	—	—	$D_b+\dfrac{F_b}{2}$
a_T	—	—	$D_t-\dfrac{F_t}{2}$
ΔF	F_e-F_w	$F_e-F_w+F_n-F_s$	$F_e-F_w+F_n-F_s+F_t-F_b$
S	$S_u+S_P\varphi_P$	$S_u+S_P\varphi_P$	$S_u+S_P\varphi_P$

表 3-2 中 F 和 D 在控制容积的不同界面值由表 3-3 所示的公式计算.

表 3-3　对流扩散问题离散方程系数计算公式

界面	w	e	s	n	b	t
F	$(\rho u)_w A_w$	$(\rho u)_e A_e$	$(\rho v)_s A_s$	$(\rho v)_n A_n$	$(\rho w)_b A_b$	$(\rho w)_t A_t$
D	$\dfrac{\Gamma_w}{\delta x_{WP}}A_w$	$\dfrac{\Gamma_e}{\delta x_{PE}}A_e$	$\dfrac{\Gamma_s}{\delta y_{SP}}A_s$	$\dfrac{\Gamma_n}{\delta y_{PN}}A_n$	$\dfrac{\Gamma_b}{\delta z_{BP}}A_b$	$\dfrac{\Gamma_t}{\delta z_{PT}}A_t$

小 结

(1) 稳态对流扩散方程通用形式为

$$\mathrm{div}(\rho\varphi u) = \mathrm{div}(\Gamma \cdot \mathrm{grad}\ \varphi)\mathrm{d}V + \int_{\Delta V} S_\varphi \mathrm{d}V$$

有限体积法在控制容积内对方程积分,使其保持通量平衡:

$$\int_{\Delta V} \mathrm{div}(\rho\varphi u)\mathrm{d}V = \int_{\Delta V} \mathrm{div}(\Gamma \cdot \mathrm{grad}\ \varphi)\mathrm{d}V + \int_{\Delta V} S_\varphi \mathrm{d}V$$

(2) 本章推导了对流扩散问题的有限体积法离散方程。与扩散问题类似,离散方程可写成统一的形式:

$$a_P\varphi_P = \sum a_{nb}\varphi_{nb} + S_u$$

各项含义与扩散问题离散方程类似,但各系数的表达式是不一样的。

(3) 在各维情况下,节点 P 处的离散方程系数 a_P 满足下式:

$$a_P = \sum a_{nb} + \Delta F - S_P$$

式中,$\Delta F = F_e - F_w + F_n - F_s + F_t - F_b$(对不同维度问题表达式不尽相同)。

(4) 离散方程中与 P 点相邻节点的系数如表 3-2 所示。

(5) 系数公式中 F 的定义为 $F = \rho u A$,意为通过控制容积边界界面的对流量;D 的定义为 $D = \dfrac{\Gamma A}{\Delta}$,意为界面上扩散阻力的倒数。各界面上 F 和 D 的表达式如表 3-3 所示。

第 4 章

差分格式问题

§4-1　问题的提出

在第 2 章和第 3 章推导扩散问题和对流问题有限体积法离散方程时,计算控制容积界面处的场变量采用的是近似公式,如扩散项在界面上要计算 $\left(\dfrac{\partial \varphi}{\partial x}\right)_e$ 或 $\left(\dfrac{\partial \varphi}{\partial x}\right)_w$ 等,对流项在界面上要计算 φ_e 或 φ_w 等. 对扩散项界面值我们采用的近似公式为

$$\left(\frac{\partial \varphi}{\partial x}\right)_e \approx \left(\frac{\Delta \varphi}{\Delta x}\right)_e = \frac{\varphi_E - \varphi_P}{\delta x_{PE}} \quad 或 \quad \left(\frac{\partial \varphi}{\partial x}\right)_w \approx \left(\frac{\Delta \varphi}{\Delta x}\right)_w = \frac{\varphi_P - \varphi_W}{\delta x_{WP}} \tag{4-1}$$

对流项界面采用的近似公式为

$$\varphi_e \approx \frac{1}{2}(\varphi_P + \varphi_E) \quad 或 \quad \varphi_w \approx \frac{1}{2}(\varphi_P + \varphi_W) \tag{4-2}$$

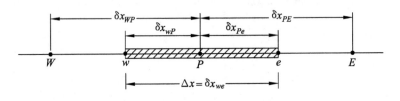

图 4-1　P 点周围节点及控制容积

其他参数如 $\Gamma、\rho$ 的界面值计算类似. 这是由于计算公式中要用到控制容积界面处的参数值,而我们又无法准确给出,只能近似地采用相邻节点处的变量值表示. 事实上从差分法的观点,上述近似公式是一种中心差分格式. 即待求位置的变量值由相邻两侧节点上的值线性近似表示. 从例 2.1、例 2.2 和例 2.3 可看出,采用中心差分格式近似计算扩散方程中控制容积界面处变量值似乎未引起数值解与分析解之间很大的差别,即使当离散网格划分得比较粗糙时也是如此. 但在包含对流项的对流扩散问题的离散方程计算中,某些计算参数条件下的数值计算结果很不合理(见例 3.1 第二种计算工况). 网格加密后才使数值计算结果接近分析解. 当然,正确的数值计算方法应该在网格数无限增大时收敛于精确解,但实际计算中我们只能采用有限数目的网格系统. 由于计算机容量的限制,有时还不得不采用比较粗糙的网格系统. 为了在有限的计算机资源条件下得到可以被接受的数值解,我们需要更深层次地分析离散方程的计算格式. 控制容积界面处变量的近似计算格式是否对数值计算结果有影响? 采用其他差分格式是否可以提高数值计算精度? 差分格式近似计算式在流场计算中

的物理意义是什么？这些是本章将要讨论的内容.

事实上，从物理概念上来分析流体流动和传热问题的离散方程与控制容积界面变量的近似计算公式，它们应该满足三个重要特征，即守恒性、有界性和输运性.

一、守恒性

对流扩散问题的控制方程在控制容积中积分产生一组离散方程，离散方程中场变量 φ 在控制容积界面处的流动必须满足守恒性. 无论是 φ 的扩散流量还是 φ 的对流流量，其守恒性都应满足，这样才能使整个求解区域的守恒性得以满足. 具体地讲，就是 φ 的流动在离开某控制容积界面的流量（扩散量和对流量）应该等于通过该界面进入相邻控制容积的流量.

例如，对于一维稳态无源扩散问题（图 4-2），进出求解区域边界的流量分别为 q_A 和 q_B. 求解域离散成 4 个控制容积，采用中心差分，我们来计算通过控制容积各界面的扩散流量.

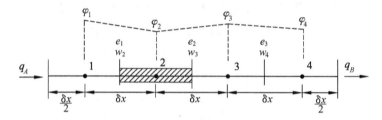

图 4-2 扩散流界面守恒示意图

例如，进入节点 2 表示的控制容积西侧界面的扩散流量为 $\dfrac{\Gamma_{w2}(\varphi_2-\varphi_1)}{\delta x}$，离开此控制容积东侧界面的扩散流量为 $\dfrac{\Gamma_{e2}(\varphi_3-\varphi_2)}{\delta x}$. 由于 $\Gamma_{e1}=\Gamma_{w2}$，$\Gamma_{e2}=\Gamma_{w3}$，$\Gamma_{e3}=\Gamma_{w4}$，则将求解域边界的流量包含在内的所有控制容积扩散流平衡式可写为

$$\left[\Gamma_{e1}\frac{(\varphi_2-\varphi_1)}{\delta x}-q_A\right]+\left[\Gamma_{e2}\frac{(\varphi_3-\varphi_2)}{\delta x}-\Gamma_{w2}\frac{(\varphi_2-\varphi_1)}{\delta x}\right]$$

$$+\left[\Gamma_{e3}\frac{(\varphi_4-\varphi_3)}{\delta x}-\Gamma_{w3}\frac{(\varphi_3-\varphi_2)}{\delta x}\right]+\left[q_B-\Gamma_{w4}\frac{(\varphi_4-\varphi_3)}{\delta x}\right]=q_B-q_A$$

中间各项都被消掉，只剩下求解域边界流量 q_A 和 q_B. 这表明在整个求解域中场变量 φ 的流动采取中心差分的计算是守恒的. 这是因为相邻控制容积界面处的流量近似计算（此时为中心差分）是协调的. 如果采用不协调的近似计算差分公式，将不能保证守恒性.

例如，如果对上例采用二次插值，如图 4-3 所示，控制容积 2 采用节点 1、节点 2 和节点 3 进行插值，控制容积 3 采取节点 2、节点 3 和节点 4 进行插值来近似计算公共界面的扩散流量. 此时将会出现控制容积 2 东侧界面函数 1 中 φ 斜率与控制容积 3 西侧界面函数 2 中 φ 斜率不一致的情况，也就是说，控制容积 2 东侧界面的扩散流量与控制容积 3 西侧界面的扩散流量不一致. 即出现非协调流动，整个求解域中场变量的扩散流动不能保证守恒.

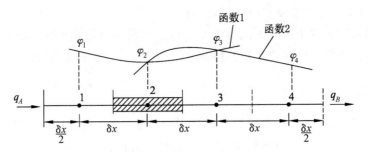

图 4-3 界面处不协调的扩散流动示意图

二、有界性

任意近似格式(差分格式)推导出的离散方程都是一组代数方程.当方程为非线性方程时,求解代数方程必然要用迭代方法.首先假设一个场变量的分布,然后由代数方程迭代求解直至获得收敛解.扩散问题和对流扩散问题的有限体积法离散方程可写成如下统一的形式:

$$a_P \varphi_P = \sum a_{nb} \varphi_{nb} + S_u \tag{4-3}$$

$$a_P = \sum a_{nb} - S_P' \tag{4-4}$$

扩散问题中 $S_P' = S_P$,对流扩散问题中 $S_P' = -(\Delta F - S_P)$.美国学者 Scarborough(1958年)提出了由离散方程系数判断上述方程求解时是否收敛于合理解的一个充分条件:

$$\frac{\sum |a_{nb}|}{|a_P|} \begin{cases} \leqslant 1(\text{在所有节点处}) \\ < 1(\text{至少在一个节点处}) \end{cases} \tag{4-5}$$

这就是有界性判据.

如果推导方程时采用的差分格式使离散方程的系数满足式(4-5)判据,意味着离散方程组系数矩阵是对角占优的.为取得对角优势的方程系数矩阵,必须使系数 a_P 有较大的数值.这样应使等效源项 S_P' 保持负值.因为只有 S_P' 为负值,才会有正的 $-S_P'$ 加到 $\sum a_{nb}$ 中.

一般来讲,有界性判据要求离散方程中所有系数保持同一符号(通常都为正).这在物理意义上隐含着要求在某一节点上的场变量 φ 的存在会使相邻节点场变量的值增加.如果离散方程推导过程中采用的差分格式不能使方程系数满足有界性判据,则在求解方程组时有可能得不到收敛解,或即使得到也是一个不合理的振荡解.例 3.1 第二种计算工况的结果就说明了这种情况.事实上前两章的其他算例的离散方程系数 a_P 和 a_{nb} 均保持正值,而例 3.1 第二种计算工况中大多数节点的东侧界面系数为负值,得到的解有大幅起落.

三、输运性

场变量在求解域中某点的流动特征事实上可以用离散后求解域中的参数来描述.Roache(1976年)提出,网格(或单元)Peclet 数可以用来度量某点处 φ 的对流和扩散的强度比例.网格 Peclet 数定义为

$$Pe = \frac{F}{D} = \frac{\rho u}{\frac{\Gamma}{\delta x}} \tag{4-6}$$

式中，δx 为网格的特征长度．

设 φ 在 P 点具有常数值(如 $\varphi = 1$)，当 $Pe = 0$ 时意味着 $F = \rho u = 0$，即对流量等于零，φ 的输运完全靠扩散．扩散是无方向性的，φ 在各个方向的扩散量一样．因此，图 4-4 中我们用一个圆周表示 φ 的向外输运量．随着 Pe 的增大，φ 的输运量中扩散输运的比例减少，对流输运的比例增大．而对流是有方向性的，输运特征或 φ 的分布呈椭圆形．由于对流速度 u 的方向性，椭圆的长轴向下游节点 E 延伸．当 $Pe \to \infty$ 时，φ 的输运中几乎没有扩散，全部是对流． φ 在 P 点处的影响由于对流，直接传达到下游节点 E，而反过来 E 点处的 φ 值几乎对 P 点处 φ 的分布没有影响．

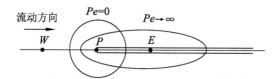

图 4-4　不同 Pe 数条件下 φ 的分布

因此，网格 Peclet 数越大，上游节点 φ 值对下游节点的影响越大，下游节点对上游节点的影响越小．而当 $Pe = 0$ 时，上游节点对下游节点的影响与下游节点对上游节点的影响一样．这种特征成为离散方程的输运性．

我们再来看看中心差分格式推导出的离散方程是否具有上述 3 个特征．

1. 守恒性

中心差分格式计算相邻控制容积公共界面处的变量值是协调的，这从本节的分析中也可以看出．因此中心差分格式满足守恒性的要求．

2. 有界性

中心差分格式推导出的对流扩散问题离散方程系数 $a_P = \sum a_{nb} + \Delta F - S_P$，当流动满足连续性方程时 $\Delta F = 0$，无内源时 $S_P = 0$，则 $\frac{\sum |a_{nb}|}{|a_P|} = 1$，满足 Scarburough 判据．但是 $a_E = D_e - \frac{F_e}{2}$，要使 $a_E > 0$，必须满足 $\frac{D_e}{F_e} - \frac{1}{2} > 0$，即 $Pe = \frac{F_e}{D_e} < 2$．如果 $Pe > 2$，则 a_E 将为负值，从而对计算带来不利影响．

例 3.1 的第二种计算工况中 $Pe = 5 > 2$，因此计算结果大幅振荡，而在该例第三种计算工况中，由于网格加密，$Pe = \frac{2.5}{2.0} = 1.25 < 2$，满足有界性判据，所以得到合理解．一般我们称中心差分格式是有条件稳定的．

3. 输运性

中心差分格式使节点 P 处场变量 φ 对所有相邻节点的影响一样，没有反应出扩散和对流输运的差别．这种近似计算格式没有体现出对流输运的方向性，因此在高 Pe 数时，中心差分格式不具有输运特征.

4. 计算精度

采用泰勒级数误差分析可知,中心差分格式离散方程计算具有二阶截差,在 $Pe<2$ 或扩散占优的流动情况下,计算有较高的精度.但当流动为强对流情况时,计算的收敛性、精度均较差.

§4-2　一阶差分格式

为克服中心差分格式不具有对流输运特征的缺点,提高计算精度,人们相继提出了各种改进的差分格式.本节讨论几种一阶差分格式.

一、迎风差分格式

1. 一维迎风差分格式

迎风差分在计算控制容积界面上的场变量 φ 或其他参数值时规定,取上游节点处的值(中心差分取上下游节点值再取算术平均).

由无源对流扩散问题方程式(3-5)和式(3-7),当 $A_e=A_w$ 时,有

$$F_e\varphi_e - F_w\varphi_w = D_e(\varphi_E - \varphi_P) - D_w(\varphi_P - \varphi_W) \tag{4-7}$$

当流动为正方向时,$u_e>0, u_w>0 (F_e>0, F_w>0)$,迎风差分取控制容积界面值为

$$\varphi_w = \varphi_W, \quad \varphi_e = \varphi_P \tag{4-8}$$

则离散方程式(4-7)成为

$$F_e\varphi_P - F_w\varphi_W = D_e(\varphi_E - \varphi_P) - D_w(\varphi_P - \varphi_W) \tag{4-9}$$

按节点场变量排列,可得

$$(D_w + D_e + F_e)\varphi_P = (D_w + F_w)\varphi_W + D_e\varphi_E$$

或

$$[(D_w + F_w) + D_e + (F_e - F_w)]\varphi_P = (D_w + F_w)\varphi_W + D_e\varphi_E \tag{4-10}$$

当流动为负方向时,$u_e<0, u_w<0 (F_e<0, F_w<0)$,迎风差分取控制容积界面值为

$$\varphi_w = \varphi_P, \quad \varphi_e = \varphi_E \tag{4-11}$$

则离散方程(4-7)成为

$$F_e\varphi_E - F_w\varphi_P = D_e(\varphi_E - \varphi_P) - D_w(\varphi_P - \varphi_W) \tag{4-12}$$

或

$$[D_w + (D_e - F_e) + (F_e - F_w)]\varphi_P = D_w\varphi_W + (D_e - F_e)\varphi_E \tag{4-13}$$

将两种流动方向离散方程式(4-10)和式(4-13)的系数做归一化处理,可写成我们熟悉的通用格式:

$$a_P\varphi_P = a_W\varphi_W + a_E\varphi_E \tag{4-14}$$

式中

$$a_W = D_w + \max(F_w, 0), \quad a_E = D_e + \max(0, -F_e), \quad a_P = a_W + a_E + (F_e - F_w)$$

从上述推导过程可以看出,迎风差分格式只是将对流项的差分格式做了改变,使之具有输运特征,而对扩散项的计算仍采用中心差分格式.

例 4.1 用迎风差分格式离散方程计算例 3.1 描述的问题.

(1) $u=0.1$ m/s;

(2) $u=2.5$ m/s,均采用 5 点粗糙网格离散.

解:由图 3-3 所示离散网格系统,此时仍有

$$F_w=F_e=F=\rho u, \quad D_w=D_e=D=\frac{\Gamma}{\delta x}$$

内部节点 2、节点 3 和节点 4 的离散方程如式(4-14)表示,边界节点仍需特殊处理.

在边界节点 1,将迎风差分格式应用于对流项,有

$$F_e\varphi_P - F_A\varphi_A = D_e(\varphi_E - \varphi_P) - D_A(\varphi_P - \varphi_A) \tag{4-15}$$

在边界节点 5,有

$$F_B\varphi_P - F_w\varphi_W = D_B(\varphi_B - \varphi_P) - D_w(\varphi_P - \varphi_W) \tag{4-16}$$

同时,在边界节点,有

$$D_A = D_B = \frac{2\Gamma}{\delta x}, \quad F_A = F_B = F$$

将式(4-15)和式(4-16)整理,可得下述方程:

$$a_P\varphi_P = a_W\varphi_W + a_E\varphi_E + S_u \tag{4-17}$$

式中

$$a_P = a_W + a_E + (F_e - F_w) - S_P$$

$$S_u = \begin{cases} (2D+F)\varphi_A & \text{(节点 1)} \\ 2D\varphi_B & \text{(节点 5)} \end{cases}$$

$$S_P = \begin{cases} -(2D+F) & \text{(节点 1)} \\ -2D & \text{(节点 5)} \end{cases}$$

$$D = \frac{\Gamma}{\delta x}$$

各离散方程系数如表 4-1 所示.

表 4-1 例 4.1 各节点的离散方程系数

节点	a_W	a_E	S_P	S_u	$a_P = a_W + a_E - S_P$
1	0	D	$-(2D+F)$	$(2D+F)\varphi_A$	$3D+F$
2,3,4	$D+F$	D	0	0	$2D+F$
5	$D+F$	0	$-2D$	$2D\varphi_B$	$3D+F$

矩阵如下：

$$\begin{bmatrix} 1 & 0 & 0 & 0 & 0 & 0 & 0 \\ 0 & 3D+F & -D & 0 & 0 & 0 & 0 \\ 0 & -(D+F) & 2D+F & -D & 0 & 0 & 0 \\ 0 & 0 & -(D+F) & 2D+F & -D & 0 & 0 \\ 0 & 0 & 0 & -(D+F) & 2D+F & -D & 0 \\ 0 & 0 & 0 & 0 & -(D+F) & 3D+F & 0 \\ 0 & 0 & 0 & 0 & 0 & 0 & 1 \end{bmatrix} \begin{bmatrix} \varphi_0 \\ \varphi_1 \\ \varphi_2 \\ \varphi_3 \\ \varphi_4 \\ \varphi_5 \\ \varphi_6 \end{bmatrix} = \begin{bmatrix} 0 \\ (2D+F)\varphi_A \\ 0 \\ 0 \\ 0 \\ 2D\varphi_B \\ 0 \end{bmatrix}$$

计算程序结构与第 3 章计算程序 3.1 相同，只是将设置矩阵系数的 Assign() 函数改为如下内容：

```
void Assign(double a[][n+2],double b[], int n)    //设置矩阵系数
{ a[0][0]=1; a[n+1][n+1]=1;                        //虚拟节点
  for(int i=2;i<=n-1;i++)
  { a[i][i-1]=-(D+F);
    a[i][i+1]=-D;
    a[i][i]=2*D+F;                                 // 内节点
  }
  a[1][2]=-D;a[1][1]=3*D+F;b[1]=(2*D+F)*phiA;
                                                   //左边界节点
  a[n][n-1]=-(D+F);a[n][n]= 3*D+F;b[n]= 2*D*phiB;
                                                   //右边界节点
}
```

(1) 第一种计算工况.

$u=0.1 \text{ m/s}, F=\rho u=0.1, D=\dfrac{\Gamma}{\delta x}=\dfrac{0.1}{0.2}=0.5$，网格 Peclet 数 $Pe=\dfrac{F}{D}=0.2$，将 $\varphi_A=1$，$\varphi_B=0$ 代入，解此离散方程可得

$$\begin{bmatrix} \varphi_1 \\ \varphi_2 \\ \varphi_3 \\ \varphi_4 \\ \varphi_5 \end{bmatrix} = \begin{bmatrix} 0.933\ 7 \\ 0.787\ 9 \\ 0.613\ 0 \\ 0.403\ 1 \\ 0.151\ 2 \end{bmatrix}$$

精确解与数值计算的中心差分及迎风差分的计算结果比较如图 4-5 所示.

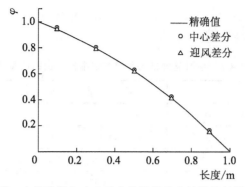

图 4-5　例 4.1 精确解与中心差分及迎风差分的计算结果比较(一)

(2) 第二种计算工况.

$u=2.5 \text{ m/s}, F=\rho u=2.5, D=\dfrac{\Gamma}{\delta x}=\dfrac{0.1}{0.2}=0.5$，此时 $Pe=5$，将 $\varphi_A=1, \varphi_B=0$ 代入，解此离散方程可得

$$\begin{bmatrix}\varphi_1\\\varphi_2\\\varphi_3\\\varphi_4\\\varphi_5\end{bmatrix}=\begin{bmatrix}0.9998\\0.9987\\0.9921\\0.9524\\0.7143\end{bmatrix}$$

精确解与数值计算的中心差分及迎风差分的计算结果比较如图 4-6 所示.

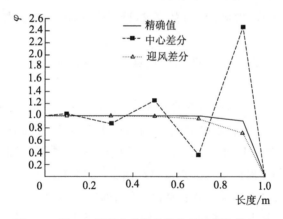

图 4-6　例 4.1 迎风差分数值解与精确解比较(二)

从计算结果可以看出，中心差分格式不能得到合理结果的算例(第二种计算工况)，采取迎风差分格式可得到较为合理的解. 这显示了迎风差分格式在有较强对流输运状况时的计算优势.

2. 高维迎风差分格式

类似于第 3 章和本节的推导，参看方程式(3-19)，高维情况迎风差分格式的离散方程可写为

$$a_P\varphi_P=a_W\varphi_W+a_E\varphi_E+a_S\varphi_S+a_N\varphi_N+a_B\varphi_B+a_T\varphi_T+S_u \tag{4-18}$$

$$a_P = a_W + a_E + a_S + a_N + a_B + a_T + \Delta F - S_P \qquad (4\text{-}19)$$

方程中各系数计算式列于表 4-2.

表 4-2 迎风差分格式离散方程中各系数的计算式

系数	一维	二维	三维
a_W	$D_w + \max(F_w, 0)$	$D_w + \max(F_w, 0)$	$D_w + \max(F_w, 0)$
a_E	$D_e + \max(0, -F_e)$	$D_e + \max(0, -F_e)$	$D_e + \max(0, -F_e)$
a_S	—	$D_s + \max(F_s, 0)$	$D_s + \max(F_s, 0)$
a_N	—	$D_n + \max(0, -F_n)$	$D_n + \max(0, -F_n)$
a_B	—	—	$D_b + \max(F_b, 0)$
a_T	—	—	$D_t + \max(0, -F_t)$
ΔF	$F_e - F_w$	$F_e - F_w + F_n - F_s$	$F_e - F_w + F_n - F_s + F_t - F_b$
S	$S_u + S_P \varphi_P$	$S_u + S_P \varphi_P$	$S_u + S_P \varphi_P$

3. 迎风差分格式特点

(1) 守恒性.

迎风差分格式在计算控制容积界面处变量值时是协调计算,即相邻控制容积公共界面的输运变量相等,因此离散方程守恒.

(2) 有界性.

迎风差分离散方程所有系数为正,当对流满足连续性方程时 $\Delta F = 0$,因此 $a_P = \sum a_{nb} - S_P$ 成立. 离散方程对角占优,满足有界性的要求,计算结果不会出现振荡或不收敛的情况.

(3) 输运性.

迎风差分计算格式考虑了流动的方向性,微分方程的输运特性被保持.

(4) 计算精度.

迎风差分可看作一种向后差分,按差分理论,计算只有一阶精度. 另外,对流扩散问题中扩散项总是采用中心差分,也就是说,无论对流强度多大,扩散输运总是存在的. 从前面的输运性讨论中可知,随着网格 Peclet 数的增大,对流输运强度增强,扩散输运强度减弱. 因此,当 Pe 足够大时,如果仍然保持不变的扩散输运强度,必然会给计算结果带来误差. 这就是计算流体力学和计算传热学中所说的假扩散. 假扩散的定义是由于对流扩散方程中一阶导数项的离散格式的截取误差小于二阶而引起较大数值计算误差的现象. 也有参考书将假扩散称为人工粘性、数值粘性.

从物理过程本身的特性而言,扩散作用总是使物理量的变化率减小,使整个场量处于均匀化. 在一个离散格式中,假扩散项的存在会使数值解的结果偏离真解的程度加剧. 尽管随网格的加密,数值解更趋近于精确解,但实际问题中过密的网格将导致需要巨大的花费和大量的计算机资源. 因此迎风差分格式引起的假扩散问题会对精确的流动计算带来不利影响.

二、混合差分格式

1. 一维混合差分格式

针对迎风差分格式易出现的假扩散问题,Spalding(1972年)提出了一种混合差分格式,综合了中心差分和迎风差分的优点. 当网格 Peclet 数小于 2 时采用中心差分格式,当网格 Peclet 数大于等于 2 时采用迎风差分格式计算控制容积界面对流输运量,同时忽略扩散输运量. 尽管计算精度只有一阶,但可以较好地反映流动的输运特征.

混合差分格式采用网格 Peclet 数作为计算控制容积界面值方法的判据. 例如,P 点控制容积西侧界面的网格 Peclet 数为

$$Pe_w = \frac{F_w}{D_w} = \frac{(\rho u)_w}{\dfrac{\Gamma_w}{\delta x_{WP}}} \tag{4-20}$$

则对于无源稳态对流扩散问题的混合差分格式近似式中,通过西侧界面的场变量 φ 的净流量为

$$q_w = \frac{F_w}{2}(\varphi_W + \varphi_P) - D_w(\varphi_P - \varphi_W) = \left(\frac{F_w}{2} + D_w\right)\varphi_W + \left(\frac{F_w}{2} - D_w\right)\varphi_P$$

$$= F_w\left[\frac{1}{2}\left(1 + \frac{2}{Pe_w}\right)\varphi_W + \frac{1}{2}\left(1 - \frac{2}{Pe_w}\right)\varphi_P\right] \quad (-2 < Pe_w < 2)$$

$$q_w = F_w \varphi_W \quad (Pe_w \geqslant 2)$$

$$q_w = F_w \varphi_P \quad (Pe_w \leqslant -2) \tag{4-21}$$

从式(4-21)可以看出,混合差分格式计算中,当网格 Peclet 数较小时($|Pe|<2$),对流项和扩散项的近似计算均采用中心差分;而当 $|Pe|\geqslant 2$ 时,对流项近似计算采用迎风差分,同时设扩散量为零. 也就是说,当 $|Pe|\geqslant 2$ 时消除了扩散项的影响(式中无 D),从而可以避免出现假扩散现象.

仿照前面章节相同的方法可以推导出混合格式条件下对流扩散问题的离散方程通用形式:

$$a_P \varphi_P = a_W \varphi_W + a_E \varphi_E \tag{4-22}$$

式中

$$a_W = \max\left[F_w, \left(D_w + \frac{F_w}{2}\right), 0\right]$$

$$a_E = \max\left[-F_e, \left(D_e - \frac{F_e}{2}\right), 0\right]$$

$$a_P = a_W + a_E + (F_e - F_w)$$

例 4.2 利用混合差分格式计算例 3.1 中第二种计算工况($u=2.5$ m/s),并比较采用 5 节点网格和 25 节点网格的计算结果.

解: 采取 5 节点网格时:

$$u=2.5 \text{ m/s}, F_e=F_w=F=\rho u=2.5, D_e=D_w=D=\frac{\Gamma}{\delta x}=\frac{0.1}{0.2}=0.5, Pe=Pe_w=\frac{\rho u \delta x}{\Gamma}=$$

5,网格 Peclet 数大于 2,因此混合差分格式计算界面对流流量时采用迎风差分,不考虑扩散项的影响.

利用式(4-22)可求出节点2、节点3和节点4的离散方程系数,对边界节点则需特殊处理.边界上的对流和扩散流量均考虑,其中对流按迎风差分格式计算.如 $F_A = F_B = F$,$D_A = D_B = 2\frac{\Gamma}{\delta x} = 2D$,均不设为零.而节点1的 e 界面对流流量采用迎风差分,不考虑扩散项的影响,即 $D_e = 0$.节点5的 w 界面对流流量采用迎风差分,不考虑扩散项的影响,即 $D_w = 0$.具体表达如下:

在边界节点1,由混合差分格式近似计算,有
$$F_e\varphi_P - F_A\varphi_A = 0 - D_A(\varphi_P - \varphi_A)$$

在边界节点5,有
$$F_B\varphi_P - F_w\varphi_W = D_B(\varphi_B - \varphi_P) - 0$$

节点1~节点5离散方程系数就可以统一写成如表4-3所示的形式.

表4-3 例4.2各节点的离散方程系数

节点	a_W	a_E	S_P	S_u	$a_P = a_W + a_E - S_P$
1	0	0	$-(2D+F)$	$(2D+F)\varphi_A$	$2D+F$
2,3,4	F	0	0	0	F
5	F	0	$-2D$	$2D\varphi_B$	$2D+F$

矩阵形式:

$$\begin{bmatrix} 1 & 0 & 0 & 0 & 0 & 0 & 0 \\ 0 & 2D+F & 0 & 0 & 0 & 0 & 0 \\ 0 & -F & F & 0 & 0 & 0 & 0 \\ 0 & 0 & -F & F & 0 & 0 & 0 \\ 0 & 0 & 0 & -F & F & 0 & 0 \\ 0 & 0 & 0 & 0 & -F & 2D+F & 0 \\ 0 & 0 & 0 & 0 & 0 & 0 & 1 \end{bmatrix} \begin{bmatrix} \varphi_0 \\ \varphi_1 \\ \varphi_2 \\ \varphi_3 \\ \varphi_4 \\ \varphi_5 \\ \varphi_6 \end{bmatrix} = \begin{bmatrix} 0 \\ (2D+F)\varphi_A \\ 0 \\ 0 \\ 0 \\ 2D\varphi_B \\ 0 \end{bmatrix}$$

计算程序结构与第3章计算程序3.1相同,只是将设置矩阵系数的 Assign()函数改为如下内容:

```
void Assign(double a[][n+2],double b[], int n)     //设置矩阵系数
{   a[0][0]=1; a[n+1][n+1]=1;                       //虚拟节点
    for(int i=2;i<=n-1;i++)
    {   a[i][i-1]=-F; a[i][i]=F;                    //内节点
    }
    a[1][1]=2*D+F; b[1]= (2*D+F)*phiA;              //左边界节点
    a[n][n-1]=-F; a[n][n]=2*D+F; b[n]= 2*D*phiB;
                                                    //右边界节点
}
```

将已知数据代入,可解方程得

$$\begin{bmatrix} \varphi_1 \\ \varphi_2 \\ \varphi_3 \\ \varphi_4 \\ \varphi_5 \end{bmatrix} = \begin{bmatrix} 1.0 \\ 1.0 \\ 1.0 \\ 1.0 \\ 0.7143 \end{bmatrix}$$

混合差分格式数值解与分析解的结果比较如图 4-7 所示.

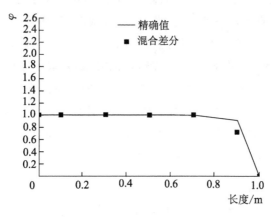

图 4-7　混合差分格式数值解与分析解的结果比较

2. 高维混合差分格式

混合差分格式也可以推广到二维和三维情况. 离散方程的通用格式仍然为

$$a_P \varphi_P = a_W \varphi_W + a_E \varphi_E + a_S \varphi_S + a_N \varphi_N + a_B \varphi_B + a_T \varphi_T + S_u$$
$$a_P = a_W + a_E + a_S + a_N + a_B + a_T + \Delta F - S_P$$

方程中各系数计算式列于表 4-4.

表 4-4　混合差分方程中各系数

系数	一维	二维	三维
a_W	$\max\left[F_w, \left(D_w + \dfrac{F_w}{2}\right), 0\right]$	$\max\left[F_w, \left(D_w + \dfrac{F_w}{2}\right), 0\right]$	$\max\left[F_w, \left(D_w + \dfrac{F_w}{2}\right), 0\right]$
a_E	$\max\left[-F_e, \left(D_w - \dfrac{F_w}{2}\right), 0\right]$	$\max\left[-F_e, \left(D_w - \dfrac{F_w}{2}\right), 0\right]$	$\max\left[-F_e, \left(D_w - \dfrac{F_w}{2}\right), 0\right]$
a_S	—	$\max\left[F_s, \left(D_s + \dfrac{F_s}{2}\right), 0\right]$	$\max\left[F_s, \left(D_s + \dfrac{F_s}{2}\right), 0\right]$
a_N	—	$\max\left[-F_n, \left(D_n - \dfrac{F_n}{2}\right), 0\right]$	$\max\left[-F_n, \left(D_n - \dfrac{F_n}{2}\right), 0\right]$
a_B	—	—	$\max\left[F_b, \left(D_b + \dfrac{F_b}{2}\right), 0\right]$
a_T	—	—	$\max\left[-F_t, \left(D_t - \dfrac{F_t}{2}\right), 0\right]$

续表

系数	一维	二维	三维
ΔF	$F_e - F_w$	$F_e - F_w + F_n - F_s$	$F_e - F_w + F_n - F_s + F_t - F_b$
S	$S_u + S_P\varphi_P$	$S_u + S_P\varphi_P$	$S_u + S_P\varphi_P$

3. 混合差分格式的特点

混合差分格式利用了中心差分和迎风差分的优点，部分克服了它们的缺点．当 Pe 数较小时，采用中心差分，计算有较高的精度；当 Pe 数较大时，采用迎风差分计算对流项在控制容积界面处的近似值，而将扩散量置零，这样可以减弱假扩散的影响．从中心差分和迎风差分特征的讨论中可知，混合差分格式满足守恒性的要求．从表 4-4 中可以看出，离散方程系数永远保持正值，因此可以满足有界性的要求． Pe 数较大时的迎风差分计算保证了输运性特征．所以混合差分格式被广泛用于计算流体力学和计算传热学的工作中．混合差分格式的缺点是 $Pe > 2$ 时的计算结果只有一阶精度，为提高计算精度必须采用较密集的网格系统．

三、指数格式与乘方格式

1. 指数格式

采用不同差分格式的目的只有一个，就是计算出控制容积界面处的参数近似值．事实上对于一维无源对流扩散问题我们是知道区域内场变量分布的精确公式的，即式(3-10)．

$$\frac{\varphi - \varphi_0}{\varphi_L - \varphi_0} = \frac{\exp\left(\dfrac{\rho u x}{\Gamma}\right) - 1}{\exp\left(\dfrac{\rho u L}{\Gamma}\right) - 1}$$

我们完全可以利用这一公式计算控制容积界面处的变量值．
回到 §3-1 中一维对流扩散问题控制容积积分表达式(3-5)：

$$(\rho u \varphi A)_e - (\rho u \varphi A)_w = \left(\Gamma A \frac{d\varphi}{dx}\right)_e - \left(\Gamma A \frac{d\varphi}{dx}\right)_w$$

将上式改写为

$$(\rho u \varphi A)_e - \left(\Gamma A \frac{d\varphi}{dx}\right)_e = (\rho u \varphi A)_w - \left(\Gamma A \frac{d\varphi}{dx}\right)_w \tag{4-23}$$

或

$$\left(\rho u \varphi A - \Gamma A \frac{d\varphi}{dx}\right)_e = \left(\rho u \varphi A - \Gamma A \frac{d\varphi}{dx}\right)_w \tag{4-24}$$

式(4-24)的物理意义为：场变量通过东侧界面的对流量与扩散量之和等于其通过西侧界面的对流量与扩散量之和，也就是通量平衡(图 4-8)．

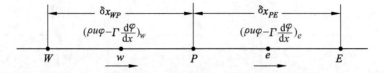

图 4-8　控制容积通量平衡

将式(3-10)改写为

$$\varphi = \varphi_0 + (\varphi_L - \varphi_0) \frac{\exp\left(\frac{\rho u x}{\Gamma}\right) - 1}{\exp\left(\frac{\rho u L}{\Gamma}\right) - 1} \tag{4-25}$$

φ 的导数为

$$\frac{\mathrm{d}\varphi}{\mathrm{d}x} = \frac{\varphi_L - \varphi_0}{\exp\left(\frac{\rho u L}{\Gamma}\right) - 1} \cdot \frac{\rho u}{\Gamma} \exp\left(\frac{\rho u x}{\Gamma}\right) \tag{4-26}$$

将式(4-25)和式(4-26)代入式(4-24), 此时在控制容积东侧界面, 有

$$\varphi_0 = \varphi_P, \quad \varphi_L = \varphi_E, \quad L = \delta x_{PE}, \quad F_e = (\rho u)_e$$

在控制容积西侧界面, 有

$$\varphi_0 = \varphi_W, \quad \varphi_L = \varphi_P, \quad L = \delta x_{WP}, \quad F_w = (\rho u)_w$$

则当 $A_w = A_e$ 时, 有

$$F_e \varphi_P + F_e \frac{\varphi_P - \varphi_E}{\exp\left(\frac{\rho u \delta x_{PE}}{\Gamma}\right) - 1} = F_w \varphi_W + F_w \frac{\varphi_W - \varphi_P}{\exp\left(\frac{\rho u \delta x_{WP}}{\Gamma}\right) - 1} \tag{4-27}$$

即

$$F_e \left[\varphi_P + \frac{\varphi_P - \varphi_E}{\exp\left(\frac{Pe_e}{\Gamma}\right) - 1} \right] = F_w \left[\varphi_W + \frac{\varphi_W - \varphi_P}{\exp\left(\frac{Pe_w}{\Gamma}\right) - 1} \right] \tag{4-28}$$

按节点场变量整理, 可得

$$\left[F_e \frac{\exp(Pe_e)}{\exp(Pe_e) - 1} + F_w \frac{1}{\exp(Pe_w) - 1} \right] \varphi_P = \frac{F_e}{\exp(Pe_e) - 1} \varphi_E + \frac{F_w \exp(Pe_w)}{\exp(Pe_w) - 1} \varphi_E \tag{4-29}$$

令

$$a_E = \frac{F_e}{\exp(Pe_e) - 1}, \quad a_W = \frac{F_w \exp(Pe_w)}{\exp(Pe_w) - 1} \tag{4-30}$$

式(4-30)被称为指数格式的离散方程.

2. 乘方格式

指数格式计算精度高, 但指数的计算很费时间. 美国学者 Patankar(1980 年)提出一个与指数格式计算结果非常接近, 同时计算工作量又比较小的乘方格式. 乘方格式规定: 当网格 $|Pe| > 10$ 时, 扩散项的影响置零; 当 $|Pe| < 10$ 时, 通过界面的流量按 5 次幂的乘方格式计算.

将式(4-28)改写为

$$F_e [\varphi_P - \beta_e (\varphi_E - \varphi_P)] = F_w [\varphi_W - \beta_w (\varphi_P - \varphi_W)] \tag{4-31}$$

式中

$$\beta_e = \frac{1}{\exp(Pe_e) - 1}, \quad \beta_w = \frac{1}{\exp(Pe_w) - 1} \tag{4-32}$$

可见, 指数格式的影响体现在 β_e 和 β_w 中. 为减小指数格式中计算 $\exp(Pe)$ 的工作量, 乘方格式就是用一个幂指数式代替 β. 乘方格式规定:

$$\begin{cases} \beta=(1-0.1|Pe|^5)+\max(F,0) & (|Pe|\leqslant 10) \\ \beta=\max(-Pe,0) & (|Pe|>10) \end{cases} \quad (4\text{-}33)$$

将式(4-33)代入式(4-31)，经简单整理可得一维稳态对流扩散问题采用乘方格式的离散方程：

$$a_P\varphi_P=a_W\varphi_W+a_E\varphi_E \quad (4\text{-}34)$$

式中

$$a_P=a_W+a_E+(F_e-F_w)$$
$$a_W=D_w\cdot\max[0,(1-0.1|Pe_w|)^5]+\max(0,F_w)$$
$$a_E\approx D_e\cdot\max[0,(1-0.1|Pe_e|)^5]+\max(-F_e,0)$$

乘方格式的计算结果在 $|Pe|\leqslant 20$ 时与解析解计算结果基本一致，具有很高的计算精度，计算工作量稍大于混合格式，因此乘方格式也得到了广泛的应用．

§4-3 对流扩散问题的高阶差分格式

中心差分格式计算精度较高（二阶截差），但不具有输运特性；迎风差分和混合差分具有输运特性，但计算精度较差（一阶截差），同时还可能引起假扩散．为提高计算精度，我们可以在计算控制容积界面参数值时考虑更多的相关节点，采取更高次的插值公式计算．下面讨论具有迎风性质的二次插值计算格式．

一、二阶迎风差分格式：QUICK 格式

所谓 QUICK 格式是英国学者 Leonard(1979 年)提出的用于计算控制容积界面值的二次插值计算格式．它是"对流项的二次迎风插值"的英文缩写（Quadratic Upwind Interpolation for Convective Kinematics）. QUICK 格式利用控制容积界面两侧的 3 个节点值进行插值计算．其中两个节点位于界面的紧邻两侧，另一个节点位于迎风侧的远邻点，如图 4-9 所示．当 $u_w>0,u_e>0$ 时，通过节点 WW、W 和 P 的拟合曲线用于计算控制容积西侧界面参数 φ_w；而通过节点 W、P、E 的拟合曲线用于计算控制容积东侧界面参数 φ_e；若 $u_w<0,u_e<0$，则节点 W、P、E 用于计算控制容积西侧界面参数 φ_w；节点 P、E、EE 用于计算控制容积东侧界面参数 φ_e．

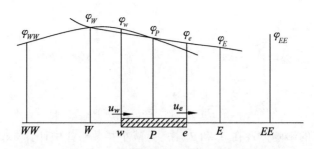

图 4-9 QUICK 格式的二次插值示意

设表示控制容积某界面两侧的节点分别为 i 和 $i-1$,迎风侧远邻点为 $i-2$.则当采用均匀网络时,Leonard 提出的界面值插值计算公式为

$$\varphi_{界面} = \frac{6}{8}\varphi_{i-1} + \frac{3}{8}\varphi_i - \frac{1}{8}\varphi_{i-2} \tag{4-35}$$

当 $u_w > 0$ 时,紧邻控制容积西侧界面的两个节点为 W 和 P,迎风侧远邻点为 WW,则

$$\varphi_w = \frac{6}{8}\varphi_W + \frac{3}{8}\varphi_P - \frac{1}{8}\varphi_{WW} \tag{4-36}$$

当 $u_e > 0$ 时,紧邻控制容积东侧界面的两个节点为 P 和 E,迎风侧远邻点为 W,则

$$\varphi_e = \frac{6}{8}\varphi_P + \frac{3}{8}\varphi_E - \frac{1}{8}\varphi_W \tag{4-37}$$

QUICK 格式中上述插值公式仅用于计算对流项在控制容积界面处的参数值,而对于扩散项,应该采用上述三点构造的拟合曲线在界面处的斜率计算,也可以采用中心差分格式计算.当网格为均匀网格时,两者给出相同的结果.因此,由一维对流扩散问题控制容积积分表达式(3-5):

$$(\rho u \varphi A)_e - (\rho u \varphi A)_w = \left(\Gamma A \frac{\mathrm{d}\varphi}{\mathrm{d}x}\right)_e - \left(\Gamma A \frac{\mathrm{d}\varphi}{\mathrm{d}x}\right)_w$$

当 $u_w > 0, u_e > 0$ 时,等式左侧对流项计算根据 QUICK 格式,有

$$F_e\left(\frac{6}{8}\varphi_P + \frac{3}{8}\varphi_E - \frac{1}{8}\varphi_W\right)A_e - F_w\left(\frac{6}{8}\varphi_W + \frac{3}{8}\varphi_P - \frac{1}{8}\varphi_{WW}\right)A_w$$

等式右侧扩散项由中心差分格式计算,有

$$D_e(\varphi_E - \varphi_P)A_e - D_w(\varphi_P - \varphi_W)A_w$$

当 $A_e = A_w$(或 $A_e = A_w = 1$)时,式(3-5)可写成

$$\begin{aligned}&\left[F_e\left(\frac{6}{8}\varphi_P + \frac{3}{8}\varphi_E - \frac{1}{8}\varphi_W\right) - F_w\left(\frac{6}{8}\varphi_W + \frac{3}{8}\varphi_P - \frac{1}{8}\varphi_{WW}\right)\right] \\ &= D_e(\varphi_E - \varphi_P) - D_w(\varphi_P - \varphi_W)\end{aligned} \tag{4-38}$$

按节点场变量整理,可得

$$\begin{aligned}&\left(D_w - \frac{3}{8}F_w + D_e + \frac{6}{8}F_e\right)\varphi_P \\ &= \left(D_w + \frac{6}{8}F_w + \frac{1}{8}F_e\right)\varphi_W + \left(D_e - \frac{3}{8}F_e\right)\varphi_E - \frac{1}{8}F_w\varphi_{WW}\end{aligned} \tag{4-39}$$

写成标准离散方程形式,有

$$a_P\varphi_P = a_W\varphi_W + a_E\varphi_E + a_{WW}\varphi_{WW} \tag{4-40}$$

式中

$$a_W = D_w + \frac{6}{8}F_w + \frac{1}{8}F_e, \ a_E = D_e - \frac{3}{8}F_e, \ a_{WW} = -\frac{1}{8}F_w$$

$$a_P = a_W + a_E + a_{WW} + (F_e - F_w)$$

若 $u_w < 0, u_e < 0$,则流过东侧和西侧界面的对流流量为

$$\begin{cases}\varphi_e = \frac{6}{8}\varphi_E + \frac{3}{8}\varphi_P - \frac{1}{8}\varphi_{EE} \\ \varphi_w = \frac{6}{8}\varphi_P + \frac{3}{8}\varphi_W - \frac{1}{8}\varphi_E\end{cases} \tag{4-41}$$

与中心差分计算的扩散项合计,可将上述各项系数改写为

$$a_W = D_w + \frac{6}{8}F_w, \quad a_E = D_e - \frac{6}{8}F_e - \frac{1}{8}F_w, \quad a_{EE} = -\frac{1}{8}F_e$$

$$a_P = a_W + a_E + a_{EE} + (F_e - F_w)$$

上述两种流动方向的计算公式可以统一起来,写成 QUICK 格式的一维对流扩散问题离散方程:

$$a_P \varphi_P = a_W \varphi_W + a_E \varphi_E + a_{WW} \varphi_{WW} + a_{EE} \varphi_{EE} \quad (4\text{-}42)$$

式中

$$a_W = D_w + \frac{6}{8}\alpha_w F_w + \frac{1}{8}\alpha_e F_e + \frac{3}{8}(1-\alpha_w)F_w$$

$$a_{WW} = -\frac{1}{8}\alpha_w F_w$$

$$a_E = D_e - \frac{3}{8}\alpha_e F_e - \frac{6}{8}(1-\alpha_e)F_e - \frac{1}{8}(1-\alpha_w)F_w$$

$$a_{EE} = \frac{1}{8}(1-\alpha_e)F_e$$

$$a_P = a_W + a_E + a_{WW} + a_{EE} + (F_e - F_w)$$

式中,当 $F_w > 0$ 时,$\alpha_w = 1$;当 $F_e > 0$ 时,$\alpha_e = 1$;当 $F_w < 0$ 时,$\alpha_w = 0$;当 $F_e < 0$ 时,$\alpha_e = 0$.

例 4.3 利用 QUICK 格式离散方程计算例 3.1 所述一维对流扩散问题,但 $u = 0.2$ m/s. 采用 5 节点网格,并将 QUICK 格式的数值计算结果与精确解及中心差分格式数值计算结果比较.

解:当 $u = 0.2$ m/s 时,$F = \rho u = F_e = F_w = 0.2$,$D = \frac{\Gamma}{\delta x} = D_e = D_w = 0.5$,$Pe_e = Pe_w = \frac{\rho u \delta x}{\Gamma} = 0.4$.

内节点 3、节点 4 的离散方程可用式(4-42)列出,边界节点 1、节点 2、节点 5 需特殊处理(除节点 1、节点 5 外,节点 2 的离散方程系数计算也要用到边界条件).

在节点 1 处,控制容积西侧界面 φ 值由边界值 φ_A 给出,即 $\varphi_w = \varphi_A$. 但是计算控制容积东侧界面值 φ_e 要用到西侧节点值 φ_w,而此边界控制容积没有西侧节点,因此无法计算东侧界面值. 为解决这一难题,Leonard 建议采用线性外插的办法,在距边界 $\frac{\delta x}{2}$ 处创造一个外部镜像点 O,如图 4-10 所示.

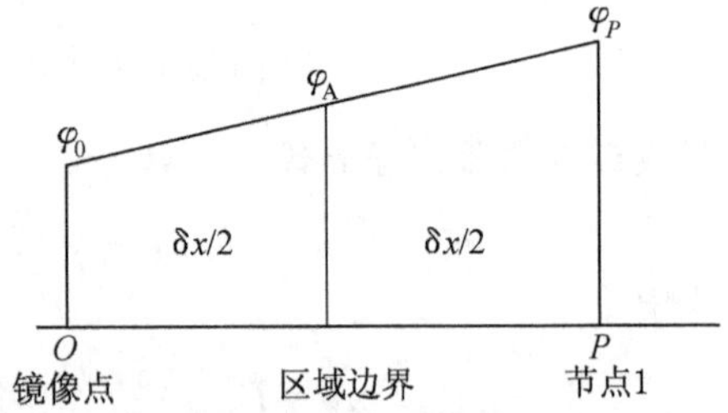

图 4-10 边界外插构造镜像点

外插计算的 φ_0 满足下式:

$$\varphi_0 + \varphi_P = 2\varphi_A \quad \text{或} \quad \varphi_0 = 2\varphi_A - \varphi_P \quad (4\text{-}43)$$

将求得的 φ_0 作为计算边界控制容积东侧界面值 φ_e 所用的西侧节点值,有

$$\varphi_e = \frac{6}{8}\varphi_P + \frac{3}{8}\varphi_E - \frac{1}{8}\varphi_0 = \frac{7}{8}\varphi_P + \frac{3}{8}\varphi_E - \frac{2}{8}\varphi_A \quad (4\text{-}44)$$

节点 P、节点 E 和镜像点 O 构造的拟合曲线在边界处的斜率为

$$\frac{1}{3\delta x}(9\varphi_P - 8\varphi_A - \varphi_E) \tag{4-45}$$

因此控制容积西侧界面的扩散流量为

$$\Gamma \frac{\mathrm{d}\varphi}{\mathrm{d}x}\bigg|_A = \frac{D_A}{3}(9\varphi_P - 8\varphi_A - \varphi_E) \tag{4-46}$$

从而节点 1 的离散方程为

$$F_e\left(\frac{7}{8}\varphi_P + \frac{3}{8}\varphi_E - \frac{2}{8}\varphi_A\right) - F_A\varphi_A = D_e(\varphi_E - \varphi_P) - \frac{D_A}{3}(9\varphi_P - 8\varphi_A - \varphi_E) \tag{4-47}$$

节点 5 所在的控制容积东侧界面 φ 值已知，$\varphi_e = \varphi_B$ 通过东侧界面的扩散流量比照式 (4-46) 可写为

$$\Gamma \frac{\mathrm{d}\varphi}{\mathrm{d}x}\bigg|_B = \frac{D_B}{3}(8\varphi_B - 9\varphi_P + \varphi_W) \tag{4-48}$$

因此节点 5 的离散方程为

$$F_B\varphi_B - F_w\left(\frac{6}{8}\varphi_W + \frac{3}{8}\varphi_P - \frac{1}{8}\varphi_{WW}\right) = \frac{D_B}{3}(8\varphi_B - 9\varphi_P + \varphi_W) - D_w(\varphi_P - \varphi_W) \tag{4-49}$$

节点 2 的离散方程本来是可以采用内节点通用式计算的，但是由于在计算节点 1 控制容积东侧界面对流量时采用了式 (4-44) 的特殊公式，因此在计算节点 2 控制容积西侧界面对流量时也必须采用上述特殊公式，以保证流动计算的协调性（守恒性）。所以节点 2 的离散方程为

$$F_e\left(\frac{6}{8}\varphi_P + \frac{3}{8}\varphi_E - \frac{2}{8}\varphi_W\right) - F_w\left(\frac{7}{8}\varphi_W + \frac{3}{8}\varphi_P - \frac{2}{8}\varphi_A\right) \tag{4-50}$$
$$= D_e(\varphi_E - \varphi_P) - D_w(\varphi_P - \varphi_W)$$

将式 (4-47)、式 (4-49) 和式 (4-50) 表示的节点 1、节点 5、节点 2 的离散方程写成统一的格式，有

$$a_P\varphi_P = a_W\varphi_W + a_E\varphi_E + a_{WW}\varphi_{WW} + S_u$$

式中各节点的系数计算公式如表 4-5 所示。

表 4-5 例 4.3 节点 1、节点 2、节点 5 的离散方程系数

节点	1	2	5
a_W	0	$D_w + \frac{7}{8}F_w + \frac{1}{8}F_e$	$D_w + \frac{1}{3}D_B + \frac{6}{8}F_w$
a_E	$D_e + \frac{1}{3}D_A - \frac{3}{8}F_e$	$D_e - \frac{3}{8}F_e$	0
a_{WW}	0	0	$-\frac{1}{8}F_w$
S_u	$\left(\frac{8}{3}D_A + \frac{1}{4}F_e + F_A\right)\varphi_A$	$-\frac{1}{4}F_w\varphi_A$	$\left(\frac{8}{3}D_e - F_B\right)\varphi_B$

续表

节点	1	2	5
S_P	$-\left(\dfrac{8}{3}D_A+\dfrac{1}{4}F_e+F_A\right)$	$\dfrac{1}{4}F_w$	$-\left(\dfrac{8}{3}D_e-F_B\right)$
a_P	$a_W+a_E+a_{WW}$ $+(F_e-F_w)-S_P$	$a_W+a_E+a_{WW}$ $+(F_e-F_w)-S_P$	$a_W+a_E+a_{WW}$ $+(F_e-F_w)-S_P$

将已知数值代入，可得离散方程各系数值，写出矩阵形式方程：

$$\begin{bmatrix} 1 & 0 & 0 & 0 & 0 & 0 & 0 \\ 0 & 2.175 & -0.592 & 0 & 0 & 0 & 0 \\ 0 & -0.7 & 1.075 & -0.425 & 0 & 0 & 0 \\ 0 & 0.025 & -0.675 & 1.075 & -0.425 & 0 & 0 \\ 0 & 0 & 0.025 & -0.675 & 1.075 & -0.425 & 0 \\ 0 & 0 & 0 & 0.025 & -0.817 & 1.925 & 0 \\ 0 & 0 & 0 & 0 & 0 & 0 & 1 \end{bmatrix} \begin{bmatrix} \varphi_0 \\ \varphi_1 \\ \varphi_2 \\ \varphi_3 \\ \varphi_4 \\ \varphi_5 \\ \varphi_6 \end{bmatrix} = \begin{bmatrix} 0 \\ 1.583 \\ -0.05 \\ 0 \\ 0 \\ 0 \\ 0 \end{bmatrix}$$

计算程序结构与第 3 章计算程序 3.1 相同，设置矩阵系数的 Assign() 函数要修改，解方程组的 TDMA 方法不能在此应用，可利用第 2 章计算程序 2.1 中的 JacobiSolveEquation() 函数.

解上述方程，可得

$$\begin{bmatrix} \varphi_1 \\ \varphi_2 \\ \varphi_3 \\ \varphi_4 \\ \varphi_5 \end{bmatrix} = \begin{bmatrix} 0.9648 \\ 0.8707 \\ 0.7309 \\ 0.5226 \\ 0.2123 \end{bmatrix}$$

采用 QUICK 格式计算的数值解与精确解的图形比较如图 4-11 所示. 数值解结果几乎与精确解结果完全重合.

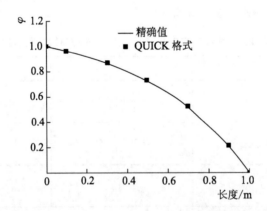

图 4-11 例 4.3 QUICK 格式数值解与精确解比较

二、QUICK 格式的特征

1. 守恒性

QUICK 格式在计算相邻容积公共界面处参数值时采用不同的三节点插值,从图 4-11 看起来似乎不能实现公共界面上通量守恒.但事实上 Leonard 提出的格式是分段线性插值,同时在界面参数值计算时引入修正率来修正不同节点插值时在公共界面处的插值曲线曲率.例如,对控制容积东侧界面上场变量 φ_e 的计算公式为

$$\varphi_e = \frac{1}{2}(\varphi_P + \varphi_E) - \frac{1}{8}K_e \tag{4-51}$$

式中,K_e 为修正率.

$$K_e = \begin{cases} \varphi_E - 2\varphi_P + \varphi_W, & u > 0 \\ \varphi_P - 2\varphi_E + \varphi_{EE}, & u < 0 \end{cases} \tag{4-52}$$

同理,对于西侧界面上场变量值 φ_w 的计算公式为

$$\varphi_w = \frac{1}{2}(\varphi_W + \varphi_P) - \frac{1}{8}K_w$$

式中

$$K_w = \begin{cases} \varphi_P - 2\varphi_W + \varphi_{WW}, & u > 0 \\ \varphi_W - 2\varphi_P + \varphi_E, & u < 0 \end{cases} \tag{4-53}$$

如图 4-12 所示,i 节点表示的控制容积东侧界面 e_i 与 $i+1$ 节点所代表的控制容积西侧界面 w_{i+1} 为公共界面.当 $u > 0$ 时,按 Leonard 的 QUICK 格式场变量 φ 在 e_i 处的对流量计算公式为

$$(\varphi_i)_e = \frac{1}{2}(\varphi_{i+1} + \varphi_i) - \frac{1}{8}(\varphi_{i+1} - 2\varphi_i + \varphi_{i-1}) = \frac{3}{8}\varphi_{i+1} + \frac{6}{8}\varphi_i - \frac{1}{8}\varphi_{i-1} \tag{4-54}$$

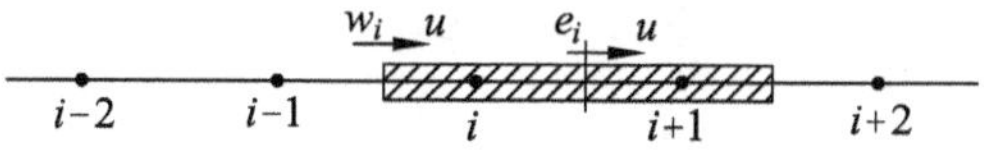

图 4-12 QUICK 格式守恒性证明

参看前述式(4-36)可看出,φ_i 在 e_i 处的对流量正好等于 φ_i 在 w_{i+1} 处的对流量,即 $(\varphi_i)_e = (\varphi_{i+1})_w$.

当 $u < 0$ 时,有

$$(\varphi_i)_e = \frac{1}{2}(\varphi_{i+1} + \varphi_i) - \frac{1}{8}(\varphi_i - 2\varphi_{i+1} + \varphi_{i+2}) = \frac{6}{8}\varphi_{i+1} + \frac{3}{8}\varphi_i - \frac{1}{8}\varphi_{i+2} = (\varphi_{i+1})_w \tag{4-55}$$

同样等于 φ 在 w_{i+1} 处的对流量.

对于扩散项的计算,或采用中心差分,或采用界面处公共斜率计算,也可保证守恒性要求,因此 QUICK 格式是守恒的.

2. 有界性

QUICK 格式不能保证 a_W、a_E 永远为正值,而 a_{WW}、a_{EE} 总是为负值.因此 QUICK 格式不能永远满足有界性的要求.事实上可以证明,当网格 $Pe > \frac{8}{3}$,就有可能出现解的不稳定现

象.所以说 QUICK 格式是条件稳定的,计算结果有可能出现振荡.

3. 运输性

QUICK 格式计算控制容积界面参数总是采用迎风(上游)2 个节点和背风(下游)1 个节点进行插值.计算格式可以反映输运特性.

4. 计算精度

QUICK 格式计算控制容积界面参数值采用 3 个节点插值,计算结果具有三阶截差,精度较高,假扩散很小,若能保证网格 $Pe<\dfrac{8}{3}$,计算结果具有很高的计算精度.

三、QUICK 格式的修正

QUICK 格式由于计算精度高,在计算流体力学和计算传热学中获得了较广泛的应用. 但是除了它不能永远满足有界性要求外,还有两个缺点限制了它的应用. 其一是差分计算要用到 3 个节点,计算边界节点离散方程时无迎风侧远邻点可供利用. 例 4.3 中的方法是解决此类问题的措施之一. 此外,还可以采用一阶迎风差分或混合差分格式等一阶差分格式来处理边界条件. 第二个缺点是:一维 QUICK 格式对控制容积积分计算要用到 5 个节点,二维问题则要用到 9 个节点. 与一阶差分中的一维问题 3 点格式、二维问题 5 点格式不同,非常有效地解决了三对角矩阵方程的 TDMA 方法(见第 6 章)不能应用的问题.

针对 QUICK 格式不具有有界性特征和不是三对角方程的缺陷,不少学者对 QUICK 格式进行了改进. 其方法是将 QUICK 格式离散方程中各项重新组合,试图使方程的主要系数 a_W、a_E 和 a_P 满足有界性要求,而将其余部分归入源项,同时使一维问题离散方程具有三对角特征. 其中,Hayasa 等人(1992 年)推导的格式可保证计算稳定和较快的收敛速度. 其格式如下:

$$\begin{cases} \varphi_w = \varphi_W + \dfrac{1}{8}(3\varphi_P - 2\varphi_W - \varphi_{WW}) & (F_w > 0) \\ \varphi_e = \varphi_P + \dfrac{1}{8}(3\varphi_E - 2\varphi_P - \varphi_W) & (F_e > 0) \\ \varphi_w = \varphi_P + \dfrac{1}{8}(3\varphi_W - 2\varphi_P - \varphi_E) & (F_w < 0) \\ \varphi_e = \varphi_E + \dfrac{1}{8}(3\varphi_P - 2\varphi_E - \varphi_{EE}) & (F_e < 0) \end{cases} \tag{4-56}$$

离散方程格式为

$$a_P \varphi_P = a_W \varphi_W + a_E \varphi_E + \overline{S} \tag{4-57}$$

式中

$$a_W = D_w + a_w F_w$$
$$a_E = D_e - (1-a_e) F_e$$
$$\overline{S} = \dfrac{1}{8}(3\varphi_P - 2\varphi_W - \varphi_{WW}) a_w F_w + \dfrac{1}{8}(\varphi_W - 2\varphi_P - 3\varphi_E) a_e F_e$$
$$\quad + \dfrac{1}{8}(3\varphi_W - 2\varphi_P - \varphi_{WW}) a_w F_w + \dfrac{1}{8}(\varphi_W - 2\varphi_P - 3\varphi_E) a_e F_e$$

$$a_P = a_W + a_E + (F_e - F_w)$$

式中,当 $F_w > 0$ 时,$a_w = 1$;当 $F_e > 0$ 时,$a_e = 1$;当 $F_w < 0$ 时,$a_w = 0$;当 $F_e < 0$ 时,$a_e = 0$.

Hayasa 格式的优点是离散方程系数可保证正值,因此其守恒性、有界性和输运性特征可被满足,同时有较高的计算精度.

小 结

(1) 本章讨论了对流扩散问题的离散方程应满足的守恒性、有界性和输运性特征.守恒性是离散方程能得到正确解的前提;方程系数的有界性和保持正值的要求是求解方程组过程能保持稳定的基本要求;而输运性则是离散方程反映对流流动的基本特征,它表征了场变量流动的方向性.

(2) 本章给出除中心差分格式外的四种一阶差分格式,它们的离散方程具有相同的形式.

(3) 中心差分格式由于不具有输运特性,因此不适宜计算一般意义的对流扩散问题.并且当网格 Pe 较大时,数值计算得不到正确解.迎风差分、混合式和乘方格式具有守恒性、有界性和输运特征,计算过程是稳定的,因此适用于各种对流扩散问题的计算.但是计算精度只有一阶截差,而且当流体的流动方向与坐标方向不平行时还会产生不同程度的假扩散现象.

(4) 本章还讨论了一种二阶差分格式.标准 QUICK 格式离散方程为

$$a_P \varphi_P = a_W \varphi_W + a_E \varphi_E + a_{WW} \varphi_{WW} + a_{EE} \varphi_{EE}$$

式中

$$a_W = D_w + \frac{6}{8} a_w F_w + \frac{1}{8} a_e F_e + \frac{3}{8}(1 - a_w) F_w$$

$$a_{WW} = -\frac{1}{8} a_w F_w$$

$$a_E = D_e - \frac{3}{8} a_e F_e - \frac{6}{8}(1 - a_e) F_e - \frac{1}{8}(1 - a_w) F_w$$

$$a_{EE} = \frac{1}{8}(1 - a_e) F_e$$

$$a_P = a_W + a_E + a_{WW} + a_{EE} + (F_e - F_w)$$

式中,当 $F_w > 0$ 时,$a_w = 1$;当 $F_e > 0$ 时,$a_e = 1$;当 $F_w < 0$ 时,$a_w = 0$;当 $F_e < 0$ 时,$a_e = 0$.

(5) 高阶差分有较高的计算精度,可使假扩散程度降低,但是方程系数的有界性特征不能保证,计算过程条件稳定.方程系数经修正后计算稳定性可以得到改善.

(6) 一阶和二阶差分格式均可应用于高维对流扩散问题,本章给出了部分差分格式的二维和三维问题计算格式.

第 5 章

SIMPLE 算法

§5-1　压力—速度耦合问题的描述

一、压力—速度耦合方程

前面的对流扩散问题中未考虑压力 p 的作用,而实际流场计算中压力场的求解是不可少的. 式(5-1) ～ 式(5-3)是典型的二维不可压缩流体稳态层流的连续性方程与动量方程,流场计算需要求解式(5-1) ～ 式(5-3):

$$\frac{\partial(\rho u)}{\partial x}+\frac{\partial(\rho v)}{\partial y}=0 \tag{5-1}$$

$$\frac{\partial(\rho uu)}{\partial x}+\frac{\partial(\rho vu)}{\partial y}=\frac{\partial}{\partial x}\left(\mu\frac{\partial u}{\partial x}\right)+\frac{\partial}{\partial y}\left(\mu\frac{\partial u}{\partial y}\right)-\frac{\partial p}{\partial x}+\rho f_x \tag{5-2}$$

$$\frac{\partial(\rho uv)}{\partial x}+\frac{\partial(\rho vv)}{\partial y}=\frac{\partial}{\partial x}\left(\mu\frac{\partial v}{\partial x}\right)+\frac{\partial}{\partial y}\left(\mu\frac{\partial v}{\partial y}\right)-\frac{\partial p}{\partial y}+\rho f_y \tag{5-3}$$

式(5-1) ～ 式(5-3)中 u、v、p 相互作用、相互影响,它们之间存在耦合关系.

二、求解压力—速度耦合方程的问题

求解式(5-1) ～ 式(5-3)会产生三个问题:

(1) 动量方程中的对流项包含非线性量,如式(5-2)中包含 ρu^2 对 x 的导数.

(2) 由于每个速度分量都包含在动量及连续方程中,方程复杂地耦合在一起. 最困难的是压力项的处理,它出现在动量方程中,却没有可用以直接求解的方程.

(3) 控制容积界面上压力取值问题.

对于第一个问题,我们可以通过迭代的办法加以解决. 迭代法是处理非线性问题经常采用的方法. 从一个估计的速度场开始,我们可以迭代求解动量方程,从而得到速度分量的收敛解.

对于第二个问题,如果压力梯度已知,我们就可按标准过程依据动量方程生成速度分量的离散方程,就如同第 2 章构造标量(如温度 T)的离散方程时的过程. 但一般情况下,压力场也是待求的未知量. 在求解速度场之前,p 是不知道的. 考虑到压力场间接地通过连续方程规定,因此,最直接的想法是求解由动量方程与连续方程所推得的整个离散方程组,这一离散方程组在形式上是关于 (u, v, p) 的复杂方程组. 这种方法虽然可行,但即便是单个因变量的离散化方程组,也需要大量的内存及时间,因此,解如此大且复杂的方程组,只对小规模问题才可以使用.

为了解决因压力所带来的流场求解难题,人们提出了若干从控制方程中消去压力的方法.这类方法称为非原始变量法,这是因为求解未知量中不再包括原始未知量(u,v,p)中的压力项p.例如,在二维问题中,通过交叉微分,从两个动量方程中可消去压力,然后可取涡量和流函数作为变量来求解流场.涡量—流函数方法成功地解决了直接求解压力所带来的问题,且在某些边界上,可较容易地给定边界条件,但它也存在一些明显的弱点,如壁面上的涡量值很难给定,计算量及存储空间都很大,对于三维问题,自变量为6个,其复杂性可能超过上述直接求解(u,v,p)的方程组.因此,这类方法在目前工程中使用并不普遍,而使用最广泛的是求解原始变量(u,v,p)的分离式解法.基于原始变量的分离式解法的主要思路是:顺序地,逐个地求解各变量代数方程组,这是相对于联立求解方程组的耦合式解法而言的.目前使用最为广泛的是1972年由Patanker和Splding提出的SIMPLE算法.它也是各种商用CFD软件所普遍采纳的一种算法.

SIMPLE算法用预先估计的分速度去估算通过网格面的对流通量,再用一个估计的压力场求解动量方程,并且求解由连续方程离散而得到的压力修正方程,得出一个修正的压力场.反过来,又用它求解新的速度场和压力场.

第三个问题中,在计算控制容积界面上压力值时,必然要采用邻近节点值近似计算.若计算区域离散为均匀网格,以一维为例,如图5-1所示,节点P、W、E上的压力分别为100、50、50.

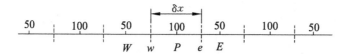

图 5-1 一维问题离散与压力分布

当控制容积界面处的压力梯度采用中心差分格式时,则有

$$\left.\frac{\partial p}{\partial x}\right|_{x=P}=\frac{p_e-p_w}{\delta x}=\frac{\left(\frac{p_E+p_P}{2}\right)-\left(\frac{p_P+p_W}{2}\right)}{\delta x}=\frac{p_E-p_W}{2\delta x} \tag{5-4}$$

从式(5-4)可见:节点P的压力梯度离散式与节点P处的压力无关,即每个节点处的压力梯度都为零.如此,动量方程中压力梯度对速度就没有影响了,这显然与事实不符.下面介绍采用交错网格技术来解决这一问题.

§5-2 交错网格技术

一、交错网格布置方式

将压力—速度耦合方程中不同的变量离散式存储在不同的网格系统中.标量如压力存

储在以节点为中心的控制容积中（主控制容积）；速度矢量按其方向存储在与主控制容积相差半个网格步长的错位控制容积中。如图 5-2 所示的二维网格，图中以节点 (I,J)（点 P）为中心，以 i、$i+1$、j、$j+1$ 为界面的控制容积为主控制容积，标量如压力、密度、温度等都存储于节点 (I,J)。节点 (I,J) 相邻的节点为 $(I-1,J)$、$(I+1,J)$、$(I,J-1)$ 和 $(I,J+1)$，即点 W、E、S、N。图中"→"表示 x 方向速度，"↑"表示 y 方向速度。以 (i,J) 为中心，以 $I-1$、I、j、$j+1$ 为界面的控制容积为 u 控制容积，u 存储于 (i,J)。$u_{i,J}$ 相邻的 u 速度是 $u_{i-1,J}$、$u_{i+1,J}$、$u_{i,J-1}$、$u_{i,J+1}$。以 (I,j) 为中心，i、$i+1$、$J-1$、J 为界面的控制容积为 v 控制容积，v 存储于 (I,j)。$v_{I,j}$ 相邻的 v 速度是 $v_{I-1,j}$、$v_{I+1,j}$、$v_{I,j-1}$、$v_{I,j+1}$。

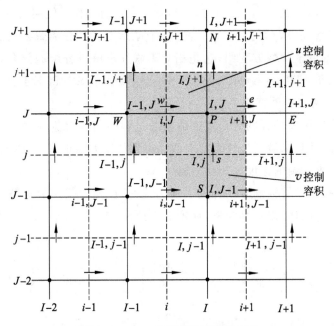

图 5-2　u、v、p 控制容积及网格编号

x 方向的动量方程式(5-2)在图 5-2 所示的 u 控制容积上积分，即

$$\int_j^{j+1}\int_w^P \left(\frac{\partial(\rho uu)}{\partial x}+\frac{\partial(\rho vu)}{\partial y}\right)\mathrm{d}x\mathrm{d}y$$

$$=\int_j^{j+1}\int_w^P \left[\frac{\partial}{\partial x}\left(\mu\frac{\partial u}{\partial x}\right)+\frac{\partial}{\partial y}\left(\mu\frac{\partial u}{\partial y}\right)+\left(-\frac{\partial p}{\partial x}\right)+\rho f_x\right]\mathrm{d}x\mathrm{d}y \qquad (5\text{-}5)$$

其中对于压力梯度项：

$$\int_j^{j+1}\int_w^P \left(-\frac{\partial p}{\partial x}\right)\mathrm{d}x\mathrm{d}y = (p_w - p_P)\Delta y \qquad (5\text{-}6)$$

可见，直接采用相邻两节点上的压力值即可得到压力梯度项的控制容积积分结果，将图 5-1 的压力分布代入也不会带来问题，从而解决常规网格所遇到的动量方程中压力梯度对速度没有影响的问题。

采用交错网格系统要付出一定的代价：二维问题网格系统中有 3 套网格，各自的节点编号及其相互间协调的问题比较复杂；对于复杂的网格编号系统的寻址和插值计算也使编程和离散方程系数的计算工作量有所增加。但由于交错网格系统可以根本解决压力梯度项离散时遇到的难题,还是获得了最广泛的应用.

图 5-2 所示的网格错位只是一种形式,称为向前错位. u 控制容积和 v 控制容积也可相对于主控制容积向后错过半个网格步长,称为向后错位. 两种交错网格布置形式的效果是一样的.

二、方程的离散

1. x 方向动量方程离散

图 5-3 能清晰地描述 x 方向的动量方程式(5-2)在 u 控制容积上的积分过程.

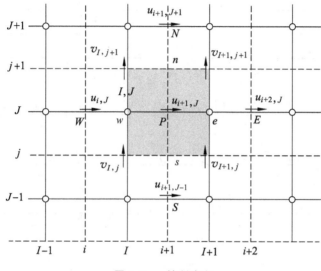

图 5-3 u 控制容积

图 5-3 中 $u_{i+1,J}$、$u_{i,J}$、$u_{i+2,J}$、$u_{i+1,J-1}$、$u_{i+1,J+1}$ 所在位置分别为点 P、W、E、S、N. 对以点 P 为中心的 u 控制容积进行积分,得

$$\int_s^n\int_w^e \left(\frac{\partial(\rho u u)}{\partial x}+\frac{\partial(\rho v u)}{\partial y}\right)\mathrm{d}x\mathrm{d}y$$
$$=\int_s^n\int_w^e \left[\frac{\partial}{\partial x}\left(\mu\frac{\partial u}{\partial x}\right)+\frac{\partial}{\partial y}\left(\mu\frac{\partial u}{\partial y}\right)+\left(-\frac{\partial p}{\partial x}\right)+\rho f_x\right]\mathrm{d}x\mathrm{d}y \tag{5-7}$$

仿照前面对流扩散离散过程,由式(5-7)得出:

$$a_P u_P = a_W u_W + a_E u_E + a_S u_S + a_N u_N - (p_e - p_w)A_e + \frac{\rho_e + \rho_w}{2}f_x \Delta V_P \tag{5-8}$$

式中,A_e 是 u 控制容积界面 e 的面积,ΔV_P 是 u 控制容积体积,二维均匀网格中有:$A_w = A_e = \Delta y$,$A_s = A_n = \Delta x$,$\Delta V_P = \Delta x \cdot \Delta y$. a_P、a_W、a_E、a_S、a_N 的计算式同对流扩散问题,表 5-1 列出它们在中心差分、迎风格式、混合格式中的表达式,其他离散格式见相关内容.

表 5-1 a_P、a_W、a_E、a_S、a_N 的计算式

系数	中心差分	迎风格式	混合格式
a_W	$D_w + \dfrac{F_w}{2}$	$D_w + \max(F_w, 0)$	$\max\left(F_w, D_w + \dfrac{F_w}{2}, 0\right)$
a_E	$D_e - \dfrac{F_e}{2}$	$D_e + \max(-F_e, 0)$	$\max\left(-F_e, D_e - \dfrac{F_e}{2}, 0\right)$
a_S	$D_s + \dfrac{F_s}{2}$	$D_s + \max(F_s, 0)$	$\max\left(F_s, D_s + \dfrac{F_s}{2}, 0\right)$
a_N	$D_n - \dfrac{F_n}{2}$	$D_n + \max(-F_n, 0)$	$\max\left(-F_n, D_n - \dfrac{F_n}{2}, 0\right)$
ΔF	$F_e - F_w + F_n - F_s$		
a_P	$a_W + a_E + a_S + a_N + \Delta F$		

表 5-1 中 F_w、F_e、F_s、F_n 和 D_w、D_e、D_s、D_n 的计算如下：

$$F_w = (\rho u)_w A_w = \frac{F_P + F_W}{2} = \frac{1}{2}\left[\left(\frac{\rho_{I,J} + \rho_{I+1,J}}{2}\right)u_{i+1,J} + \left(\frac{\rho_{I,J} + \rho_{I-1,J}}{2}\right)u_{i,J}\right]A_w \quad (5\text{-}9a)$$

$$F_e = (\rho u)_e A_e = \frac{F_E + F_P}{2} = \frac{1}{2}\left[\left(\frac{\rho_{I+2,J} + \rho_{I+1,J}}{2}\right)u_{i+2,J} + \left(\frac{\rho_{I+1,J} + \rho_{I,J}}{2}\right)u_{i+1,J}\right]A_e \quad (5\text{-}9b)$$

$$F_s = (\rho v)_s A_s = \frac{F_P + F_S}{2} = \frac{1}{2}\left[\left(\frac{\rho_{I+1,J} + \rho_{I+1,J-1}}{2}\right)v_{I+1,j} + \left(\frac{\rho_{I,J} + \rho_{I,J-1}}{2}\right)v_{I,j}\right]A_s \quad (5\text{-}9c)$$

$$F_n = (\rho v)_n A_n = \frac{F_N + F_P}{2} = \frac{1}{2}\left[\left(\frac{\rho_{I+1,J+1} + \rho_{I+1,J}}{2}\right)v_{I+1,j+1} + \left(\frac{\rho_{I,J+1} + \rho_{I,J}}{2}\right)v_{I,j+1}\right]A_n$$

$$(5\text{-}9d)$$

$$D_w = \frac{\mu_{I,J}}{x_{i+1} - x_i}A_w \quad (5\text{-}9e)$$

$$D_e = \frac{\mu_{I+1,J}}{x_{i+2} - x_{i-1}}A_e \quad (5\text{-}9f)$$

$$D_s = \frac{\mu_{I,J} + \mu_{I+1,J} + \mu_{I+1,J-1} + \mu_{I,J-1}}{4(y_J - y_{J-1})}A_s \quad (5\text{-}9g)$$

$$D_n = \frac{\mu_{I,J+1} + \mu_{I+1,J+1} + \mu_{I+1,J} + \mu_{I,J}}{4(y_{J+1} - y_J)}A_n \quad (5\text{-}9h)$$

式(5-9)比较复杂，这是由于交错网格的应用引起的．压力、密度、扩散系数等标量都是存储在主控制容积上的，凡是涉及计算非主控制容积节点位置上密度、扩散系数等标量的，均要利用节点上密度、扩散系数等数值进行插值计算．

表 5-1 中 F_w、F_e、F_s、F_n 的计算所用的 u、v 均为已知量，它们来自上一层次的迭代结果或初始假设值．将式(5-8)改写为式(5-10)，$u_{i,J}$ 和 u_{nb} 是本迭代层次要求解的，属未知量，压力值也来自上一层次的迭代结果或初始假设值，属已知量．

$$a_{i,J}u_{i,J} = \sum a_{nb}u_{nb} + (p_{I-1,J} - p_{I,J})A_{i,J} + b_{i,J} \quad (5\text{-}10)$$

2. y 方向动量方程离散

y 方向动量方程是在图 5-2 中 y 控制容积上离散的. 对照图 5-4, y 方向动量方程式(5-3)离散后得式(5-11):

$$a_P v_P = a_W v_W + a_E v_E + a_S v_S + a_N v_N - (p_N - p_S) A_n + \rho_P f_y \Delta V_P \qquad (5\text{-}11)$$

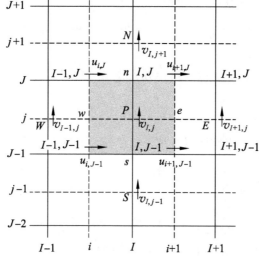

图 5-4 v 控制容积

式(5-11)中 a_P、a_W、a_E、a_S、a_N 的计算也如表 5-1 所示. F_w、F_e、F_s、F_n 和 D_w、D_e、D_s、D_n 的计算如式(5-12)所示:

$$F_w = (\rho u)_w A_w = \frac{F_{i,J} + F_{i,J-1}}{2} = \frac{1}{2}\left[\left(\frac{\rho_{I,J} + \rho_{I-1,J}}{2}\right) u_{i,J} + \left(\frac{\rho_{I-1,J-1} + \rho_{I,J-1}}{2}\right) u_{i-1,J}\right] A_w$$
(5-12a)

$$F_e = (\rho u)_e A_e = \frac{F_{i+1,J} + F_{i+1,J-1}}{2} = \frac{1}{2}\left[\left(\frac{\rho_{I+1,J} + \rho_{I,J}}{2}\right) u_{i+1,J} + \left(\frac{\rho_{I,J-1} + \rho_{I+1,J-1}}{2}\right) u_{i+1,J-1}\right] A_e$$
(5-12b)

$$F_s = (\rho v)_s A_s = \frac{F_{I,j-1} + F_{I,j}}{2} = \frac{1}{2}\left[\left(\frac{\rho_{I,J-1} + \rho_{I,J-2}}{2}\right) v_{I,j-1} + \left(\frac{\rho_{I,J} + \rho_{I,J-1}}{2}\right) v_{I,j}\right] A_s$$
(5-12c)

$$F_n = (\rho v)_n A_n = \frac{F_{I,j} + F_{I,j+1}}{2} = \frac{1}{2}\left[\left(\frac{\rho_{I,J} + \rho_{I,J-1}}{2}\right) v_{I,j} + \left(\frac{\rho_{I,J+1} + \rho_{I,J}}{2}\right) v_{I,j+1}\right] A_n$$
(5-12d)

$$D_w = \frac{\mu_{I-1,J-1} + \mu_{I,J-1} + \mu_{I-1,J} + \mu_{I,J}}{4(x_I - x_{I-1})} A_w \qquad (5\text{-}12e)$$

$$D_e = \frac{\mu_{I,J-1} + \mu_{I+1,J-1} + \mu_{I,J} + \mu_{I+1,J}}{4(x_{I+1} - x_I)} A_e \qquad (5\text{-}12f)$$

$$D_s = \frac{\mu_{I,J-1}}{y_j - y_{j-1}} A_s \tag{5-12g}$$

$$D_n = \frac{\mu_{I,J}}{y_{j+1} - y_j} A_n \tag{5-12h}$$

将式(5-11)改写为式(5-13)，$v_{I,j}$ 和 v_{nb} 是本迭代层次要求解的，属未知量。压力值来自上一层次的迭代结果或初始假设值，属已知量。

$$a_{I,j} v_{I,j} = \sum a_{nb} v_{nb} + (p_{I,J-1} - p_{I,J}) A_{I,j} + b_{I,j} \tag{5-13}$$

3. 连续性方程的离散

在图 5-2 的主控制容积上离散连续性方程式(5-1)，离散过程与对流扩散方程的离散一样，离散后的方程为

$$[(\rho u A)_{i+1,J} - (\rho u A)_{i,J}] - [(\rho v A)_{I,j+1} - (\rho v A)_{I,j}] = 0 \tag{5-14}$$

到目前为止我们得到了交错网格系统下二维压力—速度耦合问题的有限体积法离散方程组，即式(5-15)：

$$\begin{cases} a_{i,J} u_{i,J} = \sum a_{nb} u_{nb} + (p_{I-1,J} - p_{I,J}) A_{i,J} + b_{i,J} \\ a_{I,j} v_{I,j} = \sum a_{nb} v_{nb} + (p_{I,J-1} - p_{I,J}) A_{I,j} + b_{I,j} \\ [(\rho u A)_{i+1,J} - (\rho u A)_{i,J}] - [(\rho v A)_{I,j+1} - (\rho v A)_{I,j}] = 0 \end{cases} \tag{5-15}$$

通常采用分离式求解法解这一组方程。当压力分布为已知时，可通过前两式分别求出 u 和 v 的分布。如果压力分布是正确的，解出的 u、v 应满足连续性方程。但一般来讲，压力分布是未知的，要通过方程组(5-15)来确定。所以需要找到求解压力 p 的方程，使得顺序求得的 u、v、p 能满足方程组(5-15)。

§5-3　SIMPLE 算法

一、基本 SIMPLE 算法

1972 年由 Patanker 和 Splding 提出了 SIMPLE 算法。它是一种压力预测—修正方法。通过不断地修正计算结果，反复迭代，最后求出 p、u、v 的收敛解。其基本思路如下：

首先假设一个压力分布 p^*，利用它求解动量方程式，得到初始速度分布 u^*、v^*，即

$$a_{i,J} u^*_{i,J} = \sum a_{nb} u^*_{nb} + (p^*_{I-1,J} - p^*_{I,J}) A_{i,J} + b_{i,J} \tag{5-16}$$

$$a_{I,j} v^*_{I,j} = \sum a_{nb} v^*_{nb} + (p^*_{I,J-1} - p^*_{I,J}) A_{I,j} + b_{I,j} \tag{5-17}$$

上述方程中 u^*_{nb}、v^*_{nb} 及 $u^*_{i,J}$、$v^*_{I,j}$ 是由假设的压力分布 p^* 计算出的速度场。一般这样求得的速度场不能满足连续性方程。因此需要对压力 p^* 和速度 u^*、v^* 进行修正。设它们的修正量分别是 p' 和 u'、v'，修正后的压力、速度计算式可写为

$$p = p^* + p' \tag{5-18}$$

$$u = u^* + u' \tag{5-19}$$
$$v = v^* + v' \tag{5-20}$$

如何求得修正量 p'、u'、v'？正确的压力场 p 对应正确的速度场 u、v，即当式(5-10)和式(5-13)中 p 为正确值时，由式(5-10)和式(5-13)计算得到的 u、v 也是正确的。将式(5-10)减去式(5-16)，式(5-13)减去式(5-17)，可得 u'、v' 的表达式：

$$a_{i,J}(u_{i,J} - u_{i,J}^*) = \sum a_{nb}(u_{nb} - u_{nb}^*) + [(p_{I-1,J} - p_{I-1,J}^*) - (p_{I,J} - p_{I,J}^*)]A_{i,J} \tag{5-21}$$

$$a_{I,j}(v_{I,j} - v_{I,j}^*) = \sum a_{nb}(v_{nb} - v_{nb}^*) + [(p_{I,J-1} - p_{I,J-1}^*) - (p_{I,J} - p_{I,J}^*)]A_{I,j} \tag{5-22}$$

考虑到式(5-19)、式(5-20)，有

$$a_{i,J}u'_{i,J} = \sum a_{nb}u'_{nb} + (p'_{I-1,J} - p'_{I,J})A_{i,J} \tag{5-23}$$

$$a_{I,j}v'_{I,j} = \sum a_{nb}v'_{nb} + (p'_{I,J-1} - p'_{I,J})A_{I,j} \tag{5-24}$$

可见速度修正量 u'、v' 是由周围节点速度引起的修正量和同一方向相邻节点压力差引起的修正量。为了简单起见，略去式(5-23)、式(5-24)等号右边第一项，仅考虑压力修正对速度修正的作用。如此，速度修正量可写为

$$u'_{i,J} = d_{i,J}(p'_{I-1,J} - p'_{I,J}) \tag{5-25}$$

$$v'_{I,j} = d_{I,j}(p'_{I,J-1} - p'_{I,J}) \tag{5-26}$$

式中

$$d_{i,J} = \frac{A_{i,J}}{a_{i,J}}, \quad d_{I,j} = \frac{A_{I,j}}{a_{I,j}}$$

求出速度修正量后就可利用式(5-19)、式(5-20)得到速度的改进值：

$$u_{i,J} = u_{i,J}^* + d_{i,J}(p'_{I-1,J} - p'_{I,J}) \tag{5-27}$$

$$v_{I,j} = v_{I,j}^* + d_{I,j}(p'_{I,J-1} - p'_{I,J}) \tag{5-28}$$

同样道理，可写出 $u_{i+1,J}$、$v_{I,j+1}$ 的改进值：

$$u_{i+1,J} = u_{i+1,J}^* + d_{i+1,J}(p'_{I,J} - p'_{I+1,J}) \tag{5-29}$$

$$v_{I,j+1} = v_{I,j+1}^* + d_{I,j+1}(p'_{I,J} - p'_{I,J+1}) \tag{5-30}$$

式中

$$d_{i+1,J} = \frac{A_{i+1,J}}{a_{i+1,J}}, \quad d_{I,j+1} \frac{A_{I,j+1}}{a_{I,j+1}}$$

由式(5-27)~式(5-30)可知：若压力修正值已知，速度修正值也就已知。现在的问题是如何得出压力修正值？可由离散的连续性方程求得。如前所述，由动量方程计算出的速度场必须满足连续性方程。将式(5-27)~式(5-30)计算得到的速度改进值代入连续性方程离散式(5-14)，有

$$\{\rho_{i+1,J}A_{i+1,J}[u_{i+1,J}^* + d_{i+1,J}(p'_{I,J} - p'_{I+1,J})] - \rho_{i,J}A_{i,J}[u_{i,J}^* + d_{i,J}(p'_{I-1,J} - p'_{I,J})]\}$$
$$+ \{\rho_{I,j+1}A_{I,j+1}[v_{I,j+1}^* + d_{I,j+1}(p'_{I,J} - p'_{I,J+1})] - \rho_{I,j}A_{I,j}[v_{I,j}^* + d_{I,j}(p'_{I,J-1} - p'_{I,J})]\} = 0$$
$$\tag{5-31}$$

重新整理后，得

$$[(\rho dA)_{i+1,J}+(\rho dA)_{i,J}+(\rho dA)_{I,j+1}+(\rho dA)_{I,j}]p'_{I,J}=$$
$$(\rho dA)_{i+1,J}p'_{I+1,J}+(\rho dA)_{i,J}p'_{I-1,J}+(\rho dA)_{I,j+1}p'_{I,J+1}+(\rho dA)_{I,j}p'_{I,J-1}+ \quad (5\text{-}32)$$
$$[(\rho u^*A)_{i,J}-(\rho u^*A)_{i+1,J}+(\rho v^*A)_{I,j}-(\rho v^*A)_{I,j+1}]$$

式(5-32)称为压力修正方程,将其表示为式(5-33)形式:

$$a_{I,J}p'_{I,J}=a_{I+1,J}p'_{I+1,J}+a_{I-1,J}p'_{I-1,J}+a_{I,J+1}p'_{I,J+1}+a_{I,J-1}p'_{I,J-1}+b'_{I,J} \quad (5\text{-}33)$$

式中

$$a_{I+1,J}=(\rho dA)_{i+1,J}, \quad a_{I-1,J}=(\rho dA)_{i,J}, \quad a_{I,J+1}$$
$$=(\rho dA)_{I,j+1}, \quad a_{I,J-1}=(\rho dA)_{I,j}$$
$$b'_{I,J}=(\rho u^*A)_{i,J}-(\rho u^*A)_{i+1,J}+(\rho v^*A)_{I,j}-(\rho v^*A)_{I,j+1}$$
$$a_{I,J}=a_{I+1,j}+a_{I-1,J}+a_{I,J+1}+a_{I,J-1}$$

式(5-33)是由连续性方程导出的压力修正方程。方程中源项 b' 的物理意义是:由于速度场的不正确引起的不平衡流量。通过多次迭代修正,最终 b' 应趋于零。因此 b' 可以作为判断迭代过程是否满足要求的判据。

根据假设的或前次迭代计算得到的速度场,通过求解压力修正方程可得压力修正量 p',由式(5-18)和式(5-27)~式(5-30)可得压力和速度的改进值,从而可进行下一层次的迭代计算。SIMPLE 算法的计算流程如图 5-5 所示。

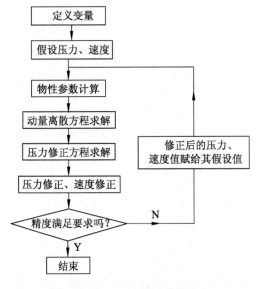

图 5-5 SIMPLE 算法计算流程

如果流场中有其他不影响流场的非耦合标量方程需求解,其 SIMPLE 算法的计算流程也可如图 5-6 所示。

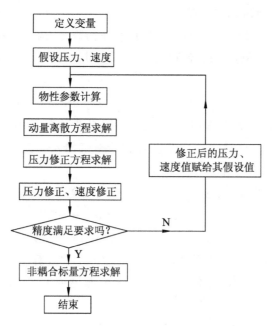

图 5-6　有非耦合标量的 SIMPLE 算法计算流程

如果流场中有其他影响流场的耦合标量方程需求解，SIMPLE 算法的计算流程如图 5-7 所示.

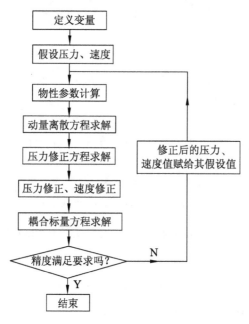

图 5-7　有耦合标量的 SIMPLE 算法计算流程

二、关于 SIMPLE 算法的两点说明

（1）在推导速度场修正量的方程中，略去式(5-23)、式(5-24)等号右边第一项，仅考虑压力修正对速度修正的作用，这样做并不影响最后的计算结果. 因为压力修正量和速度修正

量在迭代最后得到收敛解时都归于零.

(2) 若相邻两次迭代过程中压力修正量过大,压力修正方程求解时会发生发散现象,特别是上一层次迭代压力值距真实解较远时.因此,下一层次的压力改进值要采用亚松弛因子计算得出,即

$$p^n = p^{n-1} + \alpha_p p' \tag{5-34}$$

式中 p^n 为新迭代层次的压力改进值;p^{n-1} 为前一迭代层次的压力值;α_p 为压力松弛因子,$0 \leqslant \alpha_p \leqslant 1$. $\alpha_p = 1$ 意味着 $p^n = p^{n-1} + p'$,压力改进量全部加入修正值中.计算中希望 α_p 尽可能大以加快收敛,但又不引起计算过程的不稳定.

通常速度计算也需要采用亚松弛迭代,速度的迭代改进值由下式计算:

$$u^n = u^{n-1} + \alpha_u u' = u^{n-1} + \alpha_u (u - u^{n-1}) \tag{5-35}$$

$$v^n = v^{n-1} + \alpha_v v' = v^{n-1} + \alpha_v (v - v^{n-1}) \tag{5-36}$$

式中,u^{n-1}、v^{n-1} 为上一层次计算所得速度值;u、v 为本层次计算所得未经亚松弛处理的值;u^n、v^n 为亚松弛处理后的本层次计算值;α_u、α_v 为 u、v 松弛因子,取值在 0 和 1 之间.

由式(5-35)可得

$$u = \frac{u^n - u^{n-1}}{\alpha_u} + u^{n-1} \tag{5-37}$$

将动量方程离散方程式(5-10)改写为

$$u_{i,J} = \frac{\sum a_{nb} u_{nb}}{a_{i,J}} + (p_{I-1,J} - p_{I,J}) \frac{A_{i,J}}{a_{i,J}} + \frac{b_{i,J}}{a_{i,J}} \tag{5-38}$$

将式(5-37)应用于式(5-38),有

$$\frac{u_{i,J}^n - u_{i,J}^{n-1}}{\alpha_u} + u_{i,J}^{n-1} = \frac{\sum a_{nb} u_{nb}}{a_{i,J}} + (p_{I-1,J} - p_{I,J}) \frac{A_{i,J}}{a_{i,J}} + \frac{b_{i,J}}{a_{i,J}} \tag{5-39}$$

整理后,得

$$\frac{a_{i,J}}{\alpha_u} u_{i,J}^n = \sum a_{nb} u_{nb} + (p_{I-1,J} - p_{I,J}) A_{i,J} + b_{i,J} + \left[\frac{(1-\alpha_u)}{\alpha_u} a_{i,J} \right] u_{i,J}^{n-1} \tag{5-40}$$

同理,有

$$\frac{a_{I,j}}{\alpha_v} v_{I,j}^n = \sum a_{nb} v_{nb} + (p_{I,j-1} - p_{I,j}) A_{I,j} + b_{I,j} + \left[\frac{(1-\alpha_v)}{\alpha_v} a_{I,j} \right] v_{I,j}^{n-1} \tag{5-41}$$

由于速度采用亚松弛迭代,压力修正方程(5-33)也要受到影响.式(5-33)中各系数的 d 分量变成:

$$d_{i,J} = \frac{A_{i,J} \alpha_u}{a_{i,J}}, \quad d_{i+1,J} = \frac{A_{i+1,J} \alpha_u}{a_{i+1,J}}, \quad d_{I,j} = \frac{A_{I,j} \alpha_v}{a_{I,j}}, \quad d_{I,j+1} = \frac{A_{I,j+1} \alpha_v}{a_{I,j+1}}$$

利用式(5-40)、式(5-41)和改进系数后的压力修正方程(5-33)就可以进行亚松弛条件下的压力、速度迭代计算.亚松弛因子的大小并没有办法确定其最优值.因为它与流动状态有关,通常只能在计算中试验取值.

小 结

（1）描述流动的动量方程中压力与速度是耦合的．压力项的处理是最困难的，它出现在动量方程中，却没有可用以直接求解的方程．

（2）采用常规网格系统离散动量方程时，对压力梯度项的离散会产生离散格式与控制容积内节点压力无关的现象，从而导致压力场的计算结果失真．解决此问题的方法是采用交错网格技术．

（3）求解二维或三维压力—速度耦合问题的离散方程时，若采用分离式求解法，由于方程组中没有关于压力的独立控制方程，则无法单独求解压力场．解决此问题的方法是通过由连续性方程推导出的压力修正方程循环迭代，此算法称为 SIMPLE 算法．

（4）SIMPLE 算法步骤如下：

先假定速度和压力场分布，以此计算动量离散方程的系数及常数项；再依次求解动量方程，得到速度值；随后求解压力修正值方程，得到压力修正值；据压力修正值改进上述由求解动量方程得到的速度值；最后利用改进后的速度场重新计算动量离散方程的系数，并用改进后的压力场作为下一层次迭代计算的初值，重复上述步骤，直到获得收敛的解．

第6章 有限体积法离散方程的解法

§6-1 引言

前面几章讨论的扩散方程、对流扩散方程和压力—速度耦合方程的有限体积法离散结果是一组代数方程.方程组的阶数取决于所要求解问题的空间维度和离散网格的疏密程度以及单个节点上所要求解的场变量个数.通常,流体流动问题或传热传质问题离散所得的代数方程的个数是相当多的.对于工程问题而言,往往以十万或百万计.求解这种规模的代数方程组当然要占用相当多的计算机资源,同时也是相当耗时的.因此,寻找高效、省时且节省计算机资源的求解方法就成为人们关心的问题.

一般来讲,很多方法可以用来求解代数方程组.方法通常可以归结为两类:一类为直接解法;另一类称为迭代解法.典型的直接解法的例子如 Cramer's(克莱姆)法则、高斯消元法等.当然,它们不是高效率的解法.若代数方程具备某些特点,如系数矩阵对称正定,则可以采用比较高效的直接解法,如 LU 分解、Crout 分解、LDL^T 分解、LL^T 分解等解法.常用的迭代解法则有 Jacobi(雅可比)迭代法、Causs-Seidel(高斯-赛德尔)迭代法、超(亚)松弛迭代法等.直接解法的计算工作量(计算步数)可以事先知道,也就是说计算工作量是一定的.一般来讲,对于一个有 N 个方程和要求解 N 个未知数的代数方程系统,直接解法需要做 N^3 量级的计算步骤,并需要 N^2 量级的存储空间.而迭代解法一般事先不能知道计算工作量的大小,也不能保证求解过程收敛.但是,迭代解法通常占用较少的计算机存储量,有利于小机器求解大问题.

对于一个给定的代数方程组,直接解法更有效还是迭代解法更有效取决于代数方程组的大小和性质.一般来讲,当方程组中方程的个数足够多时,迭代解法可能更省时.当代数方程组为线性方程组时,直接解法可能更有效.若为非线性方程组,则必须采用迭代求解,每一步迭代得到的中间结果并不追求其计算精度,因此迭代解法效果可能更好.

基于下述三条理由,有限体积法得到的离散代数方程组的求解多采用迭代解法:

(1) 有限体积法主要用于求解流体流动和传热问题,所得到的代数方程组多为非线性方程组.

(2) 由于流体流动和传热问题的复杂性,通常要了解求解域内流体的更多细节,离散网格不能划分得过于粗糙,所以通常计算规模比较大,方程数目很多.采用迭代法往往更经济.

(3) 对于大规模的离散方程,采用迭代法可以大幅度节省存储空间,利用有限计算机资源求解更大规模的问题.

然而,Jacobi 迭代、Gauss-Seidel 迭代或超(亚)松弛迭代等算法都不是高效的迭代算法. 事实上,根据有限体积法离散方程的特点,可以找到更高效的算法. 前面几章讨论的问题在一维情况下采用一阶差分格式,最后得到的都是三对角方程,即方程组中每一个方程只有三个非零系数. 对这样的方程组,Thomas(1949 年)导出了一个非常有效的求解方法,现在称之为 Thomas 算法或 TDMA 算法(Tri-diagonal matrix algorithm). TDMA 算法本质上是直接解法,是由高斯消元法应用于这种特殊方程组时得到的解法. 本章介绍 TDMA 算法、Jacobi 迭代、Gauss-Seidel 迭代及其应用.

§6-2 TDMA 算法

设有下列三对角方程：

$$\varphi_1 = C_1 \tag{6-1a}$$

$$-\beta_2 \varphi_1 + D_2 \varphi_2 - \alpha_2 \varphi_3 = C_2 \tag{6-1b}$$

$$-\beta_3 \varphi_2 + D_3 \varphi_3 - \alpha_3 \varphi_4 = C_3 \tag{6-1c}$$

$$-\beta_4 \varphi_3 + D_4 \varphi_4 - \alpha_4 \varphi_5 = C_4 \tag{6-1d}$$

……

$$-\beta_n \varphi_{n-1} + D_n \varphi_n - \alpha_n \varphi_{n+1} = C_n \tag{6-1n}$$

$$\varphi_{n+1} = C_{n+1} \tag{6-1n+1}$$

在方程组(6-1)中,φ_1、φ_{n+1} 作为边界条件是已知的. 方程组中任意一个方程的通用形式为

$$-\beta_j \varphi_{j-1} + D_j \varphi_j - \alpha_j \varphi_{j+1} = C_j \tag{6-2}$$

将方程组(6-1)重写为

$$\varphi_2 = \frac{\alpha_2}{D_2}\varphi_3 + \frac{\beta_2}{D_2}\varphi_1 + \frac{C_2}{D_2} \tag{6-3a}$$

$$\varphi_3 = \frac{\alpha_3}{D_3}\varphi_4 + \frac{\beta_3}{D_3}\varphi_2 + \frac{C_3}{D_3} \tag{6-3b}$$

$$\varphi_4 = \frac{\alpha_4}{D_4}\varphi_5 + \frac{\beta_4}{D_4}\varphi_3 + \frac{C_4}{D_4} \tag{6-3c}$$

……

$$\varphi_n = \frac{\alpha_n}{D_n}\varphi_{n+1} + \frac{\beta_n}{D_n}\varphi_{n-1} + \frac{C_n}{D_n} \tag{6-3n}$$

方程组(6-3)可以通过向前消元和向后回代两个过程来求解. 向前消元过程可以从式(6-3b)中消去 φ_2 开始,将式(6-3a)代入式(6-3b),有

$$\varphi_3 = \left(\frac{\alpha_3}{D_3 - \beta_3 \frac{\alpha_2}{D_2}}\right)\varphi_4 + \left[\frac{\beta_3\left(\frac{\beta_2}{D_2}\varphi_1 + \frac{C_2}{D_2}\right) + C_3}{D_3 - \beta_3 \frac{\alpha_2}{D_2}}\right] \quad (6\text{-}4a)$$

令

$$A_2 = \frac{\alpha_2}{D_2}, \quad C'_2 = \frac{\beta_2}{D_2}\varphi_1 + \frac{C_2}{D_2} \quad (6\text{-}4b)$$

方程式(6-4a)成为

$$\varphi_3 = \left(\frac{\alpha_3}{D_3 - \beta_3 A_2}\right)\varphi_4 + \left[\frac{\beta_3 C'_2 + C_3}{D_3 - \beta_3 A_2}\right] \quad (6\text{-}4c)$$

再令

$$A_3 = \frac{\alpha_3}{D_3 - \beta_3 A_2}, \quad C'_3 = \frac{\beta_3 C'_2 + C_3}{D_3 - \beta_3 A_2}$$

方程式(6-4c)成为

$$\varphi_3 = A_3 \varphi_4 + C'_3 \quad (6\text{-}5)$$

式(6-5)可以被用于从式(6-3c)中消去 φ_3，同时这一过程可以一直做下去直至最后一个方程的 φ_{n-1} 被消去.

回代过程我们用式(6-5)的通用形式：

$$\varphi_j = A_j \varphi_{j+1} + C'_j \quad (6\text{-}6a)$$

式中

$$A_j = \frac{\alpha_j}{D_j - \beta_j A_{j-1}} \quad (6\text{-}6b)$$

$$C'_j = \frac{\beta_j C'_{j-1} + C_j}{D_j - \beta_j A_{j-1}} \quad (6\text{-}6c)$$

利用边界条件，当 $j=1$ 和 $j=n+1$ 时的已知值，且 A_1、C'_1 和 A_{n+1}、C'_{n+1}，即

$$A_1 = 0, \quad C'_1 = \varphi_1, \quad A_{n+1} = 0, \quad C'_{n+1} = \varphi_{n+1} \quad (6\text{-}7)$$

消元到最后一个方程时有 $\varphi_n = A_n \varphi_{n+1} + C'_n$，而 φ_{n+1} 为已知的边界条件，根据 A_n 和 C'_n 就可以求出 φ_n，有了 φ_n 可进一步求出 φ_{n-1}，一直求到最前面的 φ 值，这一过程称为回代.

例 6.1 以例 2.1 为例说明 TDMA 的应用. 例 2.1 离散后的矩阵如式(2-19)，是三对角矩阵：

$$\begin{bmatrix} 300 & -100 & 0 & 0 & 0 \\ -100 & 200 & -100 & 0 & 0 \\ 0 & -100 & 200 & -100 & 0 \\ 0 & 0 & -100 & 200 & -100 \\ 0 & 0 & 0 & -100 & 300 \end{bmatrix} \begin{bmatrix} T_1 \\ T_2 \\ T_3 \\ T_4 \\ T_5 \end{bmatrix} = \begin{pmatrix} 200T_A \\ 0 \\ 0 \\ 0 \\ 200T_B \end{pmatrix}$$

将 T_A、T_B 数值代入后，得出 TDMA 系数如表 6-1 所示.

表 6-1 TDMA 系数

节点	β_j	D_j	α_j	C_j	$A_j = \dfrac{\alpha_j}{D_j - \beta_j A_{j-1}}$	$C'_j = \dfrac{\beta_j C'_{j-1} + C_j}{D_j - \beta_j A_{j-1}}$
1	0	300	100	20 000	0.333 3	66.666 7
2	100	200	100	0	0.600 0	40.000 0
3	100	200	100	0	0.714 3	28.571 4
4	100	200	100	0	0.777 8	22.222 2
5	100	300	0	100 000	0	460.000 0

利用下列程序计算得出 T 温度分布.

$$\begin{bmatrix} T_1 \\ T_2 \\ T_3 \\ T_4 \\ T_5 \end{bmatrix} = \begin{bmatrix} 140 \\ 220 \\ 300 \\ 380 \\ 460 \end{bmatrix}$$

/////////计算程序 6.1///////////

```cpp
#include<iostream>
#include<cmath>
#include<cstdlib>
#include<iomanip>
#include<fstream>
#include<sstream>
#include<string>
#include<vector>
using namespace std;
const int n=5;                                              //方程数量
void TDMA(double a[][n+1],double b[], double T[], int n)
                                                            //TDMA 函数
{ vector<double> C(n+1,0),phi(n+1,0),alph(n+1,0),belt(n+1,0),
    D(n+1,0),A(n+1,0),Cpi(n+1,0);                           //TDMA 系数赋值
  for(int j=0;j<=n;j++)
  { belt[j]=-a[j][j-1];
    D[j]=a[j][j];alph[j]=-a[j][j+1];
    C[j]=b[j];
  }                                                         //消元
  for(j=1;j<=n;j++)
  {  A[j]=alph[j]/(D[j]-belt[j]*A[j-1]);
```

```
            Cpi[j]=(belt[j]*Cpi[j-1]+C[j])/(D[j]-belt[j]*A[j-1]);
        }
        phi[n]=Cpi[n];                                          //回代
        for(j=n-1;j>=1;j--)
            phi[j]=A[j]*phi[j+1]+Cpi[j];
        for(j=1;j<=n;j++)
            T[j]=phi[j];                                        //φ值传给温度场
    }

    void main()                                                 //主程序
    {   double a[n+1][n+1],b[n+1],T[n+1];                       //定义矩阵
            a[1][1]=300;a[1][2]=-100;                           //矩阵及常数项赋值
            a[2][1]=-100;a[2][2]=200;a[2][3]=-100;
            a[3][2]=-100; a[3][3]=200;a[3][4]=-100;
            a[4][3]=-100; a[4][4]=200;a[4][5]=-100;
            a[5][4]=-100;a[5][5]=300;
            b[1]=20000; b[5]=100000;
        TDMA(a,b,T,n);                                          //调用TDMA函数
        for(int j=1;j<=n;j++)
            cout<<"T["<<j<<"]="<<T[j]<<endl;                    //结果显示
    }
    /////////////////////
```

经过一个消元过程和一个回代过程就得到最后结果,TDMA 算法占用非常少的计算机资源,具有很高的计算效率.然而,它只适宜计算三对角代数方程.有限体积法中一维问题高阶差分格式和二维、三维问题得到的离散方程并非三对角方程,每一代数方程有 5 个或 7 个非零系数,因此 TDMA 算法不能直接应用.但是由于 TDMA 算法计算效率高,我们希望能将算法扩展到可以求解高维有限体积法离散方程,下面一节讨论这一扩展.

§6-3　TDMA 算法在求解高维问题离散方程中的应用

一、TDMA 算法在二维问题中的应用

二维问题有限体积法得到的离散方程其通式为

$$a_P\varphi_P = a_W\varphi_W + a_E\varphi_E + a_S\varphi_S + a_N\varphi_N + b \tag{6-8}$$

为使 TDMA 算法能够应用,应将方程式(6-8)转换成如式(6-2)一样的标准形式.转换的方式可以有两种:

$$-a_S\varphi_S + a_P\varphi_P - a_N\varphi_N = a_W\varphi_W + a_E\varphi_E + b \tag{6-9}$$

或

$$-a_W\varphi_W + a_P\varphi_P - a_E\varphi_E = a_S\varphi_S + a_N\varphi_N + b \tag{6-10}$$

式(6-9)和式(6-10)等号左侧已经成为三对角方程的标准形式,等号右侧可以认为是式(6-2)中的 C_j,即暂时认为是已知的. 这样就可以利用 TDMA 算法求解方程组了. 但是,实际上 C_j 是未知的,方程组经过一轮消元和回代得到的 φ_S、φ_P 和 φ_N(或 φ_W、φ_P 和 φ_E)不可能是真实解,而且计算结果中也未求出 φ_W 和 φ_E(或 φ_S 和 φ_N),因此要反复迭代求解才有可能求出真解. 迭代过程如图 6-1 所示. 首先选择一个计算方向,即相当于一维问题的计算,图 6-1 是先选南北线方向计算. 这样,我们就采用式(6-9)来计算.

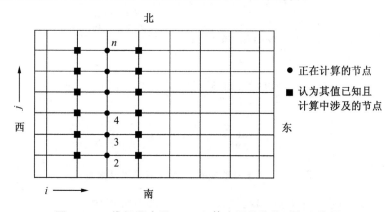

图 6-1 二维问题应用 TDMA 算法逐线迭代过程示意图

首先沿一根南北线计算线上各点 $2,3,4,\cdots,n$ 的方程,计算中暂时认为所涉及的东西侧节点上的值为已知. 求解完一条南北线上所有节点的方程后,沿东西方向移动到下一条南北线,依原样计算. 这时 $S-N$ 线西侧节点处的 φ 值可以用刚刚计算出的结果,而东侧节点值还是假设值或上次迭代的结果. 扫过所有南北线之后,就得到了所有节点上的场变量值,但其结果一般来讲不是真实解. 因此还需反复实行上述计算过程,使节点场变量值逐渐逼近真解.

例 6.2 利用 TDMA 算法求解例 2.3 中二维受热平板问题.

解:例 2.3 离散方程组的矩阵如下:

$$\begin{bmatrix} 20.25 & -10 & & & -10 & & & & & & & \\ -10 & 30 & -10 & & & -10 & & & & & & \\ & -10 & 30 & -10 & & & -10 & & & & & \\ & & -10 & 40 & & & & -10 & & & & \\ -10 & & & & 30.25 & -10 & & & -10 & & & \\ & -10 & & & -10 & 40 & -10 & & & -10 & & \\ & & -10 & & & -10 & 40 & -10 & & & -10 & \\ & & & -10 & & & -10 & 50 & & & & -10 \\ & & & & -10 & & & & 20.25 & -10 & & \\ & & & & & -10 & & & -10 & 30 & -10 & \\ & & & & & & -10 & & & -10 & 30 & -10 \\ & & & & & & & -10 & & & -10 & 40 \end{bmatrix} \begin{bmatrix} T_1 \\ T_2 \\ T_3 \\ T_4 \\ T_5 \\ T_6 \\ T_7 \\ T_8 \\ T_9 \\ T_{10} \\ T_{11} \\ T_{12} \end{bmatrix} = \begin{bmatrix} 550 \\ 500 \\ 500 \\ 2\,500 \\ 50 \\ 0 \\ 0 \\ 2\,000 \\ 50 \\ 0 \\ 0 \\ 2\,000 \end{bmatrix}$$

如图 6-2 所示,利用 TDMA 算法,可以先沿南北线计算(如从节点 1～节点 4 开始),再自西向东扫描. 此时,通用方程为

$$-a_S T_S + a_P T_P - a_N T_N = a_W T_W + a_E T_E + b \tag{6-11}$$

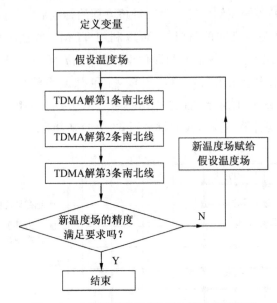

图 6-2 二维问题应用 TDMA 算法的流程图

第 1 条南北线(节点 1～节点 4)与式(6-12)对应的方程组为

$$\begin{cases} 20.25T_1 - 10T_2 = 10T_5 + 550 \\ -10T_1 + 30T_2 - 10T_3 = 10T_6 + 500 \\ -10T_2 + 30T_3 - 10T_4 = 10T_7 + 500 \\ -10T_3 + 40T_4 = 10T_8 + 2\,500 \end{cases} \tag{6-12}$$

第 2 条南北线(节点 5～节点 8)与式(6-13)对应的方程组为

$$\begin{cases} 30.25T_5 - 10T_6 = 10T_1 + 10T_9 + 50 \\ -10T_5 + 40T_6 - 10T_7 = 10T_2 + 10T_{10} \\ -10T_6 + 40T_7 - 10T_8 = 10T_3 + 10T_{11} \\ -10T_7 + 50T_8 = 10T_4 + 10T_{12} + 2\,000 \end{cases} \tag{6-13}$$

第 3 条南北线(节点 9～节点 12)与式(6-14)对应的方程组为

$$\begin{cases} 20.25T_9 - 10T_{10} = 10T_5 + 50 \\ -10T_9 + 30T_{10} - 10T_{11} = 10T_6 \\ -10T_{10} + 30T_{11} - 10T_{12} = 10T_7 \\ -10T_{11} + 40T_{12} = 10T_8 + 2\,000 \end{cases} \tag{6-14}$$

用 TDMA 算法解方程组(6-12)～方程组(6-14)时,等号右侧的温度值来自于假设值或上次迭代算出的值.

解得

$$\begin{bmatrix} T_1 \\ T_2 \\ T_3 \\ T_4 \\ T_5 \\ T_6 \\ T_7 \\ T_8 \\ T_9 \\ T_{10} \\ T_{11} \\ T_{12} \end{bmatrix} = \begin{bmatrix} 256.97 \\ 240.22 \\ 204.39 \\ 145.93 \\ 225.15 \\ 209.29 \\ 177.03 \\ 129.31 \\ 209.83 \\ 194.75 \\ 165.13 \\ 123.61 \end{bmatrix}$$

二、TDMA 算法在三维问题中的应用

三维问题离散方程组中每一代数方程有 7 个非零系数项,与二维问题应用 TDMA 算法类似,仍需将方程改写:

$$-a_S\varphi_S + a_P\varphi_P - a_N\varphi_N = a_W\varphi_W + a_E\varphi_E + a_B\varphi_B + a_T\varphi_T + b \tag{6-15}$$

等式右端所有各项均暂时认为已知.未知场变量也要假设初始值.此时,在一条南北线上构成三对角方程,可用 TDMA 算法求解.求解完一条南北线上的点,按二维问题中采用的方法在东西方向推进(扫描)直至整个平面上所有节点处的场变量值计算出来.下一步就是在上下方向移动到邻近的一个平面上重复上述过程,直至所有平面上的节点值被计算出来.这时相当于完成第一次迭代,其结果肯定不能满足要求.重复求解扫描过程,反复应用 TDMA 算法求解各节点方程,直至所有节点的相邻两次迭代结果差足够小.计算和扫描顺序显示于图 6-3 中.

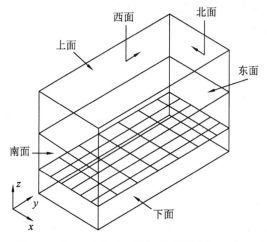

图 6-3 TDMA 算法三维问题求解过程示意图

从二维问题应用 TDMA 算法求解的例子中可看出，TDMA 算法要反复迭代才能得到高维问题的收敛解，而且收敛速度并不快．因此 TDMA 算法并不是求解高维问题有限体积法离散方程最好的办法．但是 TDMA 算法占用计算机内存非常少，可利用小机器求解大问题，是一种时间换空间的折衷．

此外，计算过程的收敛性与边界条件传递到求解域内部的速度有关．尽快地将边界条件值传递到求解域内可加快方程求解的收敛过程．因此，可采用所谓交替方向扫描技术来提高收敛速度．即第一遍迭代时可能采用的是 $S-N$ 方向计算，然后 $W-E$ 和 $B-T$ 方向扫描，在下一次迭代时可采用 $W-E$ 方向计算，然后 $S-N$ 和 $B-T$ 方向扫描．也可以在不同的平面层中采用不同的优先计算方向．这样有利于尽快将各边界值传递到求解域内部，加快方程组的收敛．$W-E$ 方向优先和 $B-T$ 方向优先的方程为

$$-a_W\varphi_W+a_P\varphi_P-a_E\varphi_E=a_S\varphi_S+a_N\varphi_N+a_B\varphi_B+a_T\varphi_T+b \tag{6-16}$$

$$-a_B\varphi_B+a_P\varphi_P-a_T\varphi_T=a_W\varphi_W+a_E\varphi_E+a_S\varphi_S+a_N\varphi_N+b \tag{6-17}$$

§6-4　Jacobi 迭代和 Gauss-Seidel 迭代

一、Jacobi 迭代

在 Jacobi 迭代中任一点上未知值的更新是用上一轮迭代中所获得的各邻点之值来计算的，即

$$T_k^{(n)}=\frac{\sum_{\substack{l=1\\l\neq k}}a_{kl}T_l^{(n-1)}+b_k}{a_{kk}},\quad k=1,2,3,\cdots,L_1\times M_1 \tag{6-18}$$

这里带括号的上角标表示迭代轮数．所谓"一轮"，是指把求解区域中每一节点之值都更新一次的运算环节．显然，采用 Jacobi 迭代时，迭代前进的方向并不影响迭代收敛速度．这种迭代收敛速度很慢，一般较少采用．但对于强烈的非线性问题，如果两个层次的迭代之间未知量的变化过大，容易引起非线性问题迭代的发散．在规定每一层次计算的迭代轮次数的情况下，采用 Jacobi 迭代有利于非线性问题迭代的收敛．

Jacobi 迭代程序如下：

```
void Jacobi(double a[][n+1],double b[], double x[], int n)
{   vector<double> x0(n+1,0);                    //雅可比点迭代求方程组
    int  goon=1;                                 //用于循环控制
    double s;
    do { goon=0;
        for(int k=1;k<=n;k++)
        {   s=0;
            for(int p=1;p<=n;p++)   if(p!=k)    s=s+a[k][p] * x0[p];
            x[k]=(b[k]-s)/a[k][k];
```

```
        }
        for(k=1;k<=n;k++)   if(fabs(x[k]-x0[k])>1.0e-6)  goon=1;
                                                //精度比较
        for(k=1;k<=n;k++)   x0[k]=x[k];         //重新设假设值
    }
    while(goon==1);
}
```

二、Gauss-Seidel 迭代

Gauss-Seidel 迭代每一步计算总是取邻点的最新值来计算. 如果每一轮迭代按 l 的下角标由小到大的方式进行, 则可表示为

$$T_k^{(n)} = \frac{\sum_{l=1}^{k-1} a_{kl} T_l^{(n)} + \sum_{l=k+1}^{L_1 \times M_1} a_{kl} T_l^{(n-1)} + b_k}{a_{kk}} \tag{6-19}$$

此时迭代计算进行的方向会影响到收敛速度, 这与边界条件的影响传入到区域内部的快慢有关.

Gauss-Seidel 迭代程序如下:

```
    void GaussSeidel(double a[][n+1],double b[], double x[], int n)
    { vector<double> x0(n+1,0);
      int goon=1;                                       //用于循环控制
      double s1,s2;
      do{    goon=0;
            for(int k=1;k<=n;k++)
            { if(k==1)
              { s1=0;
                for(int p=2;p<=n;p++) s1=s1+a[k][p] * x0[p];
                x[1]=(b[1]-s1)/a[1][1];
              }
              if((k>1)&&(k<n))
              { s1=0;
                for(p=1;p<=(k-1);p++)   s1=s1+a[k][p] * x[p];
                s2=0;
                for(p=k+1;p<=n;p++)     s2=s2+a[k][p] * x0[p];
                x[k]=(b[k]-(s1+s2))/a[k][k];
              }
              if(k==n)
              { s1=0;
```

```
                for(p=1;p<=n-1;p++)   s1=s1+a[k][p]*x[p];
                x[n]=(b[n]-s1)/a[n][n];
            }
        }
        for(k=1;k<=n;k++)  if(fabs(x[k]-x0[k])>1.0e-8)  goon=1;
                                                                //精度比较
        for(k=1;k<=n;k++)  x0[k]=x[k];                          //重新设假设值
    }
    while(goon==1);
}
```

小 结

本章讨论了 TDMA 算法、Jacobi 迭代和 Gauss-Seidel 迭代. TDMA 算法包含一个向前的消元步和一个向后的回代步.

消元步骤如下.

（1）将代数方程写成如下通用格式：
$$-\beta_j \varphi_{j-1} + D_j \varphi_j - \alpha_j \varphi_{j+1} = C_j$$

（2）计算系数 α_j、β_j、D_j 和 C_j.

（3）从 $j=2$ 至 $j=n$ 计算 A_j 和 C_j'，计算公式为
$$A_j = \frac{\alpha_j}{D_j - \beta_j A_{j-1}}, \quad C_j' = \frac{\beta_j C_{j-1}' + C_j}{D_j - \beta_j A_{j-1}}$$

（4）利用 A_j 和 C_j' 计算 $\varphi_j = A_j \varphi_{j+1} + C_j'$，消去各方程中的 φ_{j-1}，使每一方程中只有两个未知数.

回代步骤为：从 $j=n-1$ 反向将 φ_{j+1} 代回到 $\varphi_j = A_j \varphi_{j+1} + C_j'$ 中，求出各 φ_j.

TDMA 算法可以推广用于二维或三维问题的离散方程求解，但是必须反复迭代使用. 一般来讲，TDMA 算法是求解直角坐标有限体积法离散方程的标准解法，计算空间的经济性非常好，但并非是求解高维问题离散方程的最好方法.

Jacobi 迭代中任一点上未知值的更新是用上一轮迭代中所获得的各邻点之值来计算的，Jacobi 迭代前进的方向并不影响迭代收敛速度.

Gauss-Seidel 迭代每一步计算总是取邻点的最新值来计算，Gauss-Seidel 迭代计算进行的方向会影响到收敛速度.

第7章

非稳态流动问题的有限体积法

§7-1 非稳态流动问题的守恒方程

实际的流动问题中有相当多的情况是流动状况随时间变化的问题. 在掌握了稳态流动问题的有限体积解法之后,我们来讨论更复杂一点的非稳态流动问题的有限体积解法. 非稳态情况下,某场变量 φ 的输运过程也应满足守恒定律. 控制方程的一般形式为

$$\frac{\partial}{\partial t}(\rho\varphi)+\operatorname{div}(\rho\boldsymbol{u}\varphi)=\operatorname{div}(\Gamma\cdot\operatorname{grad}\varphi)+S_\varphi \tag{7-1}$$

方程左端第一项为场变量 φ 随时间的变化率,在稳态流动问题中这一项为零. 对非稳态问题,我们必须考虑这一项.

采用有限体积法对方程式(7-1)在空间尺度上(控制容积内)进行积分后,还必须在一定的时间间隔 Δt 内对其积分. 其意义为 φ 的输运量不但在控制容积上守恒,而且在一定的时间间隔内也保持守恒. 积分可写为

$$\begin{aligned}&\int_t^{t+\Delta t}\left[\int_{\Delta V}\frac{\partial}{\partial t}(\rho\varphi)\mathrm{d}V\right]\mathrm{d}t+\int_t^{t+\Delta t}\left[\int_{\Delta V}\operatorname{div}(\rho\boldsymbol{u}\varphi)\mathrm{d}V\right]\mathrm{d}t\\&=\int_t^{t+\Delta t}\left[\int_{\Delta V}\operatorname{div}(\Gamma\cdot\operatorname{grad}\varphi)\mathrm{d}V\right]\mathrm{d}t+\int_t^{t+\Delta t}\left(\int_{\Delta V}S_\varphi\mathrm{d}V\right)\mathrm{d}t\end{aligned} \tag{7-2}$$

由高斯公式将对流项和扩散项的体积分转换为控制容积表面积分,并将第一项的时间积分与体积分的顺序对调,有

$$\begin{aligned}&\int_{\Delta V}\left[\int_t^{t+\Delta t}\frac{\partial}{\partial t}(\rho\varphi)\mathrm{d}t\right]\mathrm{d}V+\int_t^{t+\Delta t}\left[\int_A\boldsymbol{n}\cdot(\rho\boldsymbol{u}\varphi)\mathrm{d}A\right]\mathrm{d}t\\&=\int_t^{t+\Delta t}\left[\int_A\boldsymbol{n}\cdot(\Gamma\cdot\operatorname{grad}\varphi)\mathrm{d}A\right]\mathrm{d}t+\int_t^{t+\Delta t}\left(\int_{\Delta V}S_\varphi\mathrm{d}V\right)\mathrm{d}t\end{aligned} \tag{7-3}$$

方程式(7-3)中对流项、扩散项和源项的体积分的处理我们已经在第 2 章～第 4 章中讨论过了,这里只需将注意力集中于对时间积分的处理和非稳态项的积分处理过程即可. 下面分节讨论非稳态扩散问题、对流扩散问题和压力—速度耦合问题的处理方法.

§7-2 非稳态扩散问题的离散方程

一、一维非稳态热传导问题的计算格式

这里以一维非稳态热传导问题为例来讨论一维非稳态扩散问题. 一维非稳态热传导问题的控制微分方程为

$$\rho c \frac{\partial T}{\partial t} = \frac{\partial}{\partial x}\left(k \frac{\partial T}{\partial x}\right) + S \tag{7-4}$$

式中, ρ 为热传导材料密度; c 为材料比热容; k 为材料导热系数.

考虑图 7-1 所示一维控制容积. 在时间 t 到 $t+\Delta t$ 间隔内, 在控制容积内对方程式(7-4)积分

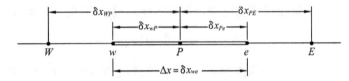

图 7-1 一维控制容积尺度

$$\int_t^{t+\Delta t}\int_{\Delta V}\rho c \frac{\partial T}{\partial t}\mathrm{d}V\mathrm{d}t = \int_t^{t+\Delta t}\int_{\Delta V}\frac{\partial}{\partial x}\left(k\frac{\partial T}{\partial x}\right)\mathrm{d}V\mathrm{d}t + \int_t^{t+\Delta t}\int_{\Delta V}S\mathrm{d}V\mathrm{d}t \tag{7-5}$$

由高斯公式, 式(7-5)可写成

$$\int_{\Delta V}\left[\int_t^{t+\Delta t}\rho c\frac{\partial T}{\partial t}\mathrm{d}t\right]\mathrm{d}V = \int_t^{t+\Delta t}\left[\left(kA\frac{\partial T}{\partial x}\right)_e - \left(kA\frac{\partial T}{\partial x}\right)_w\right]\mathrm{d}t + \int_t^{t+\Delta t}\bar{S}\Delta V\mathrm{d}t \tag{7-6}$$

式中, A 为控制容积表面积; ΔV 为其体积, $\Delta V = A\Delta x$, 而 Δx 为控制容积长度(δx_{we}); $\bar{S}$ 为平均源项强度. 如果将 $\frac{\partial T}{\partial t}$ 取近似值 $\frac{T_P - T_P^0}{\Delta t}$, 其中 T_P^0 为时间 t 时刻的 P 点温度值, T_P 为时间 $t+\Delta t$ 时刻的 P 点温度值. 则式(7-6)左端积分可写为

$$\int_{\Delta V}\left[\int_t^{t+\Delta t}\rho c\frac{\partial T}{\partial t}\mathrm{d}t\right]\mathrm{d}V \approx \int_{\Delta V}\left[\int_t^{t+\Delta t}\rho c\frac{T_P - T_P^0}{\Delta t}\mathrm{d}t\right]\mathrm{d}V = \rho c(T_P - T_P^0)\Delta V \tag{7-7}$$

事实上, 这里温度对时间的偏导数 $\frac{\partial T}{\partial t}$ 的近似相当于一阶(向后)差分. 这一近似当然也可以采用高阶差分近似. 式(7-6)右端扩散项界面值的计算若采用中心差分, 结合式(7-7)的结果, 有

$$\rho c(T_P - T_P^0)\Delta V = \int_t^{t+\Delta t}\left[\left(k_e A\frac{T_E - T_P}{\delta x_{PE}}\right) - \left(k_w A\frac{T_P - T_W}{\delta x_{WP}}\right)\right]\mathrm{d}t + \int_t^{t+\Delta t}\bar{S}\Delta V\mathrm{d}t \tag{7-8}$$

为计算式(7-8)右端扩散项的时间积分, 我们需要给出节点温度 T_P、T_E、T_W 随时间的变化关系, 而这一变化关系是不知道的. 通常的处理方法是利用 t 时刻的温度(如 T_P^0)和 $t+\Delta t$ 时刻的温度(如 T_P)等, 加权组合构成在这一时间间隔内的平均温度然后积分计算. 即

$$\overline{T_P} = \theta T_P + (1-\theta)T_P^0 \tag{7-9}$$

式中,$\theta=0\sim 1$,从而关于 T_P 的时间积分 I_T 可写为

$$I_T = \int_t^{t+\Delta t} T_P \mathrm{d}t = [\theta T_P + (1-\theta)T_P^0]\Delta t \tag{7-10}$$

当 $\theta=0$ 时,意味着用 t 时刻的温度 T_P^0 作为平均温度;当 $\theta=1$ 时,意味着用 $t+\Delta t$ 时刻的温度 T_P 作为平均温度;当 $\theta=\frac{1}{2}$ 时,意味着 t 时刻和 $t+\Delta t$ 时刻的温度有相同的权重. 三种情况下的 I_T 值如下:

当 $\theta=0$ 时,$I_T = T_P^0 \Delta t$;

当 $\theta=\frac{1}{2}$ 时,$I_T = \frac{1}{2}(T_P + T_P^0)\Delta t$;

当 $\theta=1$ 时,$I_T = T_P \Delta t$.

同理,可计算关于 T_E、T_W 的时间积分. 利用上述积分结果,代入式(7-8)并将全式除以 $A\Delta t$,可得

$$\rho c \left(\frac{T_P - T_P^0}{\Delta t}\right)\Delta x = \theta\left[\frac{k_e(T_E - T_P)}{\delta x_{PE}} - \frac{k_w(T_P - T_W)}{\delta x_{WP}}\right] \\ + (1-\theta)\left[\frac{k_e(T_E^0 - T_P^0)}{\delta x_{PE}} - \frac{k_w(T_P^0 - T_W^0)}{\delta x_{WP}}\right] + \bar{S}\Delta x \tag{7-11}$$

按节点温度值排列整理,有

$$\left[\rho c \frac{\Delta x}{\Delta t} + \theta\left(\frac{k_e}{\delta x_{PE}} - \frac{k_w}{\delta x_{WP}}\right)\right]T_P = \frac{k_e}{\delta x_{PE}}[\theta T_E + (1-\theta)T_E^0] + \frac{k_w}{\delta x_{WP}}[\theta T_W + (1-\theta)T_W^0] \\ + \left[\rho c \frac{\Delta x}{\Delta t} - (1-\theta)\frac{k_e}{\delta x_{PE}} - (1-\theta)\frac{k_w}{\delta x_{WP}}\right]T_P^0 + \bar{S}\Delta x \tag{7-12}$$

将 T_P、T_E、T_W 的系数归一化处理,可得

$$a_P T_P = a_W[\theta T_W + (1-\theta)T_W^0] + a_E[\theta T_E + (1-\theta)T_E^0] \\ + [a_P^0 - (1-\theta)a_W - (1-\theta)a_E]T_P^0 + b \tag{7-13}$$

式中

$$a_W = \frac{k_w}{\delta x_{WP}}, \quad a_E = \frac{k_e}{\delta x_{PE}}, \quad a_P^0 = \rho c \frac{\Delta x}{\Delta t}, \quad a_P = \theta(a_W + a_E) + a_P^0, \quad b = \bar{S}\Delta x$$

离散方程的具体形式取决于权因子 θ 的值. 当 $\theta=0$ 时,只有方程式(7-13)右端旧时刻 t 的节点温度值 T_P^0、T_E^0、T_W^0 被用来计算新时刻 $t+\Delta t$ 的节点温度值 T_P,这时的计算格式称为显式格式. 当 $0<\theta\leqslant 1$ 时,新时刻的节点温度值也被用于求解 T_P,此时的计算格式称为隐式格式. 其中当 $\theta=1$ 的格式称为全隐格式,$\theta=\frac{1}{2}$ 的格式称为 Crank-Nicolson 格式(简称 C-N 格式). 下面简要讨论 $\theta=0$、$\theta=1$ 和 $\theta=\frac{1}{2}$ 时离散方程的具体形式.

二、显式计算格式

显式计算格式中源项可作线性化处理为 $b = S_u + S_P T_P^0$,此时将 $\theta=0$ 代入方程式

(7-13),可得非稳态扩散问题(热传导问题)的显式离散方程:

$$a_P T_P = a_W T_W^0 + a_E T_E^0 + [a_P^0 - (a_W + a_E - S_P)]T_P^0 + S_u \qquad (7\text{-}14)$$

式中

$$a_W = \frac{k_w}{\delta x_{WP}}, \quad a_E = \frac{k_e}{\delta x_{PE}}, \quad a_P = a_P^0, \quad a_P^0 = \rho c \frac{\Delta x}{\Delta t}$$

方程式(7-14)右端只包含旧时间步的温度值,因此左端 T_P 可以按时间步长向前推进解出. 按有限差分理论,这种格式属于向后差分时间近似,计算精度只有一阶截差.

按照离散方程有界性的要求,方程式(7-14)中所有系数应为正值. 源项为零时,因此应有 $a_P^0 - a_W - a_E > 0$. 若 k 为常数,并且采用均匀网格系统,即 $\delta x_{WP} = \delta x_{PE} = \Delta x$,则上述条件可写成

$$\rho c \frac{\Delta x}{\Delta t} > \frac{2k}{\Delta x} \qquad (7\text{-}15a)$$

或

$$\Delta t < \rho c \frac{(\Delta x)^2}{2k} \qquad (7\text{-}15b)$$

式(7-15)对显式格式的计算时间步长 Δt 的最大值给出了一个相当严格的限制. 这将导致实际计算时为提高计算精度而花费巨大的代价,因为最大可能时间步长随着网格空间尺度的减小(网格加密)而减小. 因此,显式格式并不适合于计算一般情况下的非稳态问题. 当计算时间间隔被仔细选择以满足式(7-15)的要求时,显式格式用于计算简单扩散问题还是很有效的.

三、Crank-Nicolson 格式

将 $\theta = \frac{1}{2}$ 代入方程式(7-13),并将源项线性化处理 $b = S_u + \frac{S_P T_P^0}{2}$,可得非稳态热传导问题 Crank-Nicolson 格式离散方程:

$$a_P T_P = a_W \left(\frac{T_W + T_W^0}{2}\right) + a_E \left(\frac{T_E + T_E^0}{2}\right) + \left[a_P^0 - \frac{1}{2}(a_W + a_E - S_P)\right]T_P^0 + S_u \qquad (7\text{-}16)$$

式中

$$a_W = \frac{k_w}{\delta x_{WP}}, \quad a_E = \frac{k_e}{\delta x_{PE}}, \quad a_P^0 = \rho c \frac{\Delta x}{\Delta t}, \quad a_P = a_P^0 + \frac{1}{2}(a_W + a_E - S_P)$$

从方程式(7-16)可以看出,新时间步有多个节点温度值出现在方程式中. 因此,在每一时间步必须同时求出所有节点温度值,故称为隐格式. 尽管对于 $\left(\frac{1}{2}\right) \leq \theta \leq 1$ 的隐式格式,包括 C-N 格式,计算是无条件稳定的,但从方程系数有界性要求考虑,为保证所有系数为正值,源项为零时, T_P^0 的系数应满足

$$a_P^0 > \frac{a_E + a_W}{2}$$

即

$$\Delta t < \rho c \frac{(\Delta x)^2}{k} \tag{7-17}$$

这一时间步长限制只比显式格式时间步长限制稍有放松,对计算的空间和时间尺度的要求仍然较严.本质上,C-N 格式是对时间的中心差分,计算精度可达二阶截差.因此,当 Δt 足够小且满足式(7-17)时,C-N 格式可获得比显式格式计算结果更高的精度.

四、全隐格式

当 $\theta=1$,源项做线性化处理 $b=S_u+S_P T_P$ 时,由方程式(7-13)可得全隐格式非稳态热传导问题离散方程:

$$a_P T_P = a_W T_W + a_E T_E + a_P^0 T_P^0 + S_u \tag{7-18}$$

式中

$$a_W = \frac{k_w}{\delta x_{WP}}, \quad a_E = \frac{k_e}{\delta x_{PE}}, \quad a_P^0 = \rho c \frac{\Delta x}{\Delta t}, \quad a_P = a_P^0 + a_W + a_E - S_P$$

方程式(7-18)两端都出现新时刻的温度,因此求解时先要给出初始温度分布 T^0.

在 $t+\Delta t$ 时刻求解,其结果再赋予 T^0,然后进行时间推进.

从式(7-18)可看出,所有系数保持正值.所以全隐格式对任意时间步长 Δt 都是无条件稳定的.但是计算精度只有一阶截差,为保证计算精度,还应选择较小的时间步长.全隐格式由于无条件稳定和收敛性好,被广泛用于各种非稳态问题的求解过程中.

下面通过算例说明非稳态扩散问题不同时间离散格式的特点.

例 7.1 一无限大薄板,初始均匀温度 200 ℃,在某一时刻 $t=0$,板东侧温度突降至 0 ℃,西侧面保持绝热.板厚 $L=2$ cm,导热系数 $k=10$ W/(m·K), $\rho c=1.0\times 10^7$ J/(m³·K).

采用显式格式,选用一合理的时间步长,计算 $t=40$ s, $t=80$ s, $t=120$ s 时板的温度分布,并比较数值计算结果与分析解的计算结果.

解:该问题属无内热源的一维非稳态热传导问题,其控制微分方程为

$$\rho c \frac{\partial T}{\partial t} = \frac{\partial}{\partial x}\left(k \frac{\partial T}{\partial x}\right)$$

初始条件

$$T = 200 \text{ ℃} \quad (t=0 \text{ s})$$

边界条件

$$\frac{\partial T}{\partial x} = 0 \quad (x=0, t>0 \text{ s})$$

$$T = 0 \text{ ℃} \quad (x=L, t>0 \text{ s})$$

此问题分析解为

$$\frac{T(x,t)}{200} = \frac{4}{\pi} \sum_{n=1}^{\infty} \frac{(-1)^{n+1}}{2n-1} \exp(-\alpha \lambda_n^2 t) \cos(\lambda_n x)$$

式中

$$\lambda_n = \frac{(2n-1)\pi}{2L}, \quad \alpha = \frac{k}{\rho c}$$

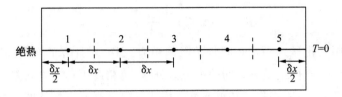

图 7-2 例 7.1 问题计算区域

将计算区域分为 5 个相等的控制容积(图 7-2),每个控制容积长 $\Delta x = \dfrac{L}{5} = 0.004 \text{ m}$.

采用显式格式计算,节点 2～节点 4 的离散方程为式(7-14),节点 1 和节点 5 为边界节点,需特殊处理.

节点 1:由绝热条件修正方程式(7-11),$\theta = 0, \bar{S} = 0, k_w = 0$,则

$$\rho c \left(\frac{T_P - T_P^0}{\Delta t} \right) \Delta x = \left[\frac{k(T_E^0 - T_P^0)}{\delta x} \right] \tag{7-19}$$

节点 5:当 $t > 0$ s 东侧界面温度 T_B 为常数,离散方程为

$$\rho c \left(\frac{T_P - T_P^0}{\Delta t} \right) \Delta x = \left[\frac{k(T_B - T_P^0)}{\frac{\delta x}{2}} \right] - \left[\frac{k(T_P^0 - T_W^0)}{\delta x} \right] \tag{7-20}$$

从而所有节点的控制容积离散方程为

$$a_P T_P = a_W T_W^0 + a_E T_E^0 + [a_P^0 - (a_W + a_E - S_P)] T_P^0 + S_u \tag{7-21}$$

表 7-1 为例 7.1 离散方程各节点的系数值.

表 7-1 例 7.1 离散方程各节点的系数值

节点	a_W	a_E	a_P^0	a_P	S_P	S_u
1	0	$\dfrac{k}{\Delta x}$	$\rho c \dfrac{\Delta x}{\Delta t}$	a_P^0	0	0
2、3、4	$\dfrac{k}{\Delta x}$	$\dfrac{k}{\Delta x}$	$\rho c \dfrac{\Delta x}{\Delta t}$	a_P^0	0	0
5	$\dfrac{k}{\Delta x}$	0	$\rho c \dfrac{\Delta x}{\Delta t}$	a_P^0	$-\dfrac{2k}{\Delta x}$	$\dfrac{2k}{\Delta x} T_B$

显式格式稳定计算时间步长极限值为

$$\Delta t < \rho c \frac{(\Delta x)^2}{2k} = 8 \text{ s}$$

若取 $\Delta t = 2$ s,并将 $T_B = 0$ 代入,得

节点 1:

$$200 T_P = 25 T_E^0 + 175 T_P^0$$

节点 2～节点 4:

$$200 T_P = 25 T_W^0 + 25 T_E^0 + 150 T_P^0$$

节点 5:

$$200 T_P = 25 T_W^0 + 125 T_P^0$$

矩阵形式：

$$\begin{bmatrix} 200 & 0 & 0 & 0 & 0 \\ 0 & 200 & 0 & 0 & 0 \\ 0 & 0 & 200 & 0 & 0 \\ 0 & 0 & 0 & 200 & 0 \\ 0 & 0 & 0 & 0 & 200 \end{bmatrix} \begin{bmatrix} T_1 \\ T_2 \\ T_3 \\ T_4 \\ T_5 \end{bmatrix} = \begin{pmatrix} 25T_2^0 + 175T_1^0 \\ 25T_1^0 + 25T_3^0 + 150T_2^0 \\ 25T_2^0 + 25T_4^0 + 150T_3^0 \\ 25T_3^0 + 25T_5^0 + 150T_4^0 \\ 25T_4^0 + 125T_5^0 \end{pmatrix}$$

计算流程如图 7-3 所示.

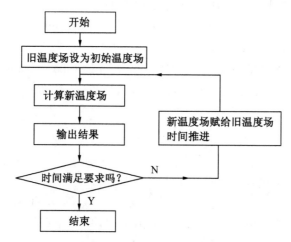

图 7-3　例 7.1 计算流程图

////////计算程序 7.1/////////

```cpp
#include<iostream>
#include<cmath>
#include<cstdlib>
#include<iomanip>
#include<fstream>
#include<sstream>
#include<string>
#include<vector>
using namespace std;
const int n=5;                    //节点个数
double T0=200;                    //初始温度
const double dt=8.0;              //时间步长
const double L=0.02;              //x 方向总长
const double dx=L/n;
const double k=10;                //导热系数
const double rouc=1.0e7;
```

```cpp
const double aW=k/dx,aE=k/dx;
const double ap0=rouc*dx/dt;
const double Totaltime=40;                  //总时间,控制计算时间
double a[n+1][n+1],b[n+1],T[n+1],Told[n+1];
                                            //上一层次计算的温度Told
double time;                                //时间变量
void renew(double a[][n+1],double b[], int n)  //更新矩阵
{   for(int i=1;i<=n;i++) a[i][i]=ap0;
    b[1]=aE*Told[2]+(ap0-(aE+0-0))*Told[1];
    for(i=2;i<=n-1;i++)
        b[i]=aW*Told[i-1]+aE*Told[i+1]+(ap0-(aW+aE-0))*Told[i];
    b[n]=aW*Told[n-1]+(ap0-(aW+0+2*aW))*Told[n];
                                            //显式
}


void TDMA(double a[][n+1],double b[], double T[], int n)
                                            //TDMA函数
{   vector<double> C(n+1,0),phi(n+1,0),alph(n+1,0),belt(n+1,0),
                   D(n+1,0),A(n+1,0),Cpi(n+1,0);
    for(int j=0;j<=n;j++)                   //TDMA系数赋值
    {   belt[j]=-a[j][j-1];D[j]=a[j][j];
        alph[j]=-a[j][j+1]; C[j]=b[j];
    }
    for(j=1;j<=n;j++)                       //消元
    {   A[j]=alph[j]/(D[j]-belt[j]*A[j-1]);
        Cpi[j]=(belt[j]*Cpi[j-1]+C[j])/(D[j]-belt[j]*A[j-1]);
    }
    phi[n]=Cpi[n];                          //回代
    for(j=n-1;j>=1;j--)
        phi[j]=A[j]*phi[j+1]+Cpi[j];
    for(j=1;j<=n;j++) T[j]=phi[j];          //φ值传给温度场
}


void output()                               //输出结果
{   cout<<"------------------"<<endl;
    cout<<"time="<<time<<endl;
    for(int i=1;i<=n;i++)   cout<<T[i]<<endl;
```

```
        }

    void main()                                 //主程序
    {    using namespace std;
         int i;
         for(i=1;i<=n;i++)     { T[i]=T0;Told[i]=T0; }
         time=0;                                //时间循环开始
         do
         {   time=time+dt;                      //时间推进
             renew(a,b,n);
             TDMA(a,b,T,n);
             for( i=1;i<=n;i++)   Told[i]=T[i];  //计算结果赋给Told[i]
             output();                          //屏幕上输出结果
         }
         while(time<Totaltime);                 //时间循环结束
    }
```

表 7-2 是例 7.1 前 20 s 温度分布计算结果.

表 7-2 例 7.1 前 20s 温度分布计算结果

时间/s	步数	节点/位置						
		1	2	3	4	5		
		$x=0.0$	$x=0.002$	$x=0.006$	$x=0.01$	$x=0.014$	$x=0.016$	$x=0.02$
0	0	200	200	200	200	200	200	200
2	1	200	200	200	200	200	150	0
4	2	200	200	200	200	193.75	118.75	0
6	3	200	200	200	199.21	185.16	98.43	0
8	4	200	200	199.90	197.55	176.07	84.66	0
10	5	199.98	199.98	199.62	195.16	167.33	74.92	0
12	6	199.94	199.94	199.11	192.24	159.26	67.74	0
14	7	199.83	199.83	198.35	188.98	151.94	62.24	0
16	8	199.65	199.65	197.36	185.52	145.36	57.89	0
18	9	199.37	199.37	196.17	181.98	139.45	54.35	0
20	10	198.97	198.97	194.79	178.44	134.12	51.40	0

计算时间 40 s、80 s 和 120 s 的数值结果与精确值比较如图 7-4 所示. 数值结果与精确值很接近.

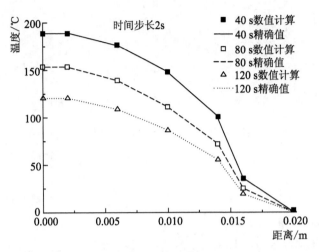

图 7-4 数值结果与精确值比较

若取时间步长 $\Delta t = 8$ s,得

节点 1：
$$50T_P = 25T_E^0 + 25T_P^0$$

节点 2～节点 4：
$$50T_P = 25T_W^0 + 25T_E^0$$

节点 5：
$$50T_P = 25T_W^0 - 25T_P^0$$

$t = 40$ s 时的精确值、时间步长，$\Delta t = 8$ s 和 $\Delta t = 2$ s 的数值计算结果比较如图 7-5 所示。可见 $\Delta t = 8$ s 的数值计算结果很差，产生了震荡。说明时间步长的减小可有效地提高数值计算结果的精度。

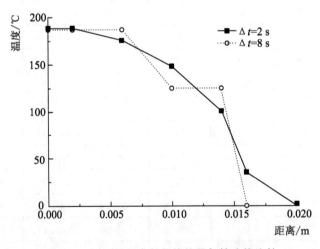

图 7-5 不同时间步长数值结果与精确值比较

例 7.2 采用全隐格式重新计算例 7.1。比较 $\Delta t = 8$ s 时全隐格式与显式格式的计算结果。

解：仍采用图 7-2 网格系统，内节点 2～节点 4 的全隐格式离散方程为式(7-18)，边界

节点的控制容积积分需特殊处理.将边界条件代入方程式(7-11),得

节点 1 方程:

$$\rho c \left(\frac{T_P - T_P^0}{\Delta t} \right) \Delta x = \frac{k(T_E - T_P)}{\delta x} \tag{7-22}$$

节点 5 方程:

$$\rho c \left(\frac{T_P - T_P^0}{\Delta t} \right) \Delta x = \left[\frac{k(T_B - T_P)}{\frac{\delta x}{2}} - \frac{k(T_P - T_W)}{\delta x} \right] \tag{7-23}$$

离散方程的标准形式仍为

$$a_P T_P = a_W T_W + a_E T_E + a_P^0 T_P^0 + S_u \tag{7-24}$$

离散方程各节点的系数如表 7-3 所示.

表 7-3 例 7.2 离散方程各节点的系数值

节点	a_W	a_E	a_P^0	S_P	S_u	a_P
1	0	$\frac{k}{\Delta x}$	$\rho c \frac{\Delta x}{\Delta t}$	0	0	$a_W + a_E + a_P^0 - S_P$
2,3,4	$\frac{k}{\Delta x}$	$\frac{k}{\Delta x}$	$\rho c \frac{\Delta x}{\Delta t}$	0	0	$a_W + a_E + a_P^0 - S_P$
5	$\frac{k}{\Delta x}$	0	$\rho c \frac{\Delta x}{\Delta t}$	$-\frac{2k}{\Delta x}$	$\frac{2k}{\Delta x} T_B$	$a_W + a_E + a_P^0 - S_P$

若取时间步长 $\Delta t = 8$ s,得

节点 1:

$$75 T_P = 25 T_E + 50 T_P^0$$

节点 2～节点 4:

$$100 T_P = 25 T_W + 25 T_E + 50 T_P^0$$

节点 5:

$$125 T_P = 25 T_W + 50 T_P^0$$

矩阵形式:

$$\begin{bmatrix} 75 & -25 & 0 & 0 & 0 \\ -25 & 100 & -25 & 0 & 0 \\ 0 & -25 & 100 & -25 & 0 \\ 0 & 0 & -25 & 100 & -25 \\ 0 & 0 & 0 & -25 & 125 \end{bmatrix} \begin{bmatrix} T_1 \\ T_2 \\ T_3 \\ T_4 \\ T_5 \end{bmatrix} = \begin{pmatrix} 50 T_1^0 \\ 50 T_2^0 \\ 50 T_3^0 \\ 50 T_4^0 \\ 50 T_5^0 \end{pmatrix}$$

用隐式格式计算例 7.1,只要将例 7.1 的程序中 renew()函数改为下面的内容,其他内容不变.

```
void renew(double a[][n+1],double b[], int n)      //更新矩阵
{   a[1][1]=ap0+aE-0;a[1][2]=-aE;
    for(i=2;i<=(n-1);i++)
```

```
    { a[i][i-1]=-aW;a[i][i]=ap0+aW+aE-0;a[i][i+1]=-aE;
    }
    a[n][n-1]=-aW;a[n][n]=ap0+aW+2*aW;
    for(i=1;i<=n;i++) b[i]=ap0*Told[i];            //隐式
}
```

$t=40$ s 时的计算结果与显式格式及精确值的比较如图 7-6 所示.

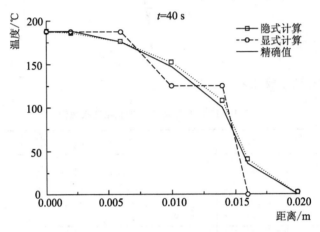

图 7-6　$t=40$ s 时的计算结果与显式格式及精确值的比较

五、高维非稳态扩散问题全隐格式

全隐格式无条件稳定，计算精度也较高，因此是求解一般非稳态扩散问题的推荐算法. 一维非稳态扩散问题全隐格式可以方便地推广到高维扩散问题的计算中. 三维非稳态扩散问题的控制方程为

$$\rho c \frac{\partial \varphi}{\partial t} = \frac{\partial}{\partial x}\left(\Gamma \frac{\partial \varphi}{\partial x}\right) + \frac{\partial}{\partial y}\left(\Gamma \frac{\partial \varphi}{\partial y}\right) + \frac{\partial}{\partial z}\left(\Gamma \frac{\partial \varphi}{\partial z}\right) + S \tag{7-25}$$

将式(7-25)在控制容积中积分并仿照一维问题推导过程可得下述离散方程：

$$a_P \varphi_P = a_W \varphi_W + a_E \varphi_E + a_S \varphi_S + a_N \varphi_N + a_T \varphi_T + a_B \varphi_B + a_P^0 \varphi_P^0 + S_u \tag{7-26}$$

式中

$$\bar{S} \Delta V = S_u + S_P \varphi_P$$

式(7-26)中各系数的值如表 7-4 所示.

表 7-4　式(7-26)中各系数的值

	a_W	a_E	a_S	a_N	a_B	a_T	a_P^0	a_P
1D	$\frac{\Gamma_w A_w}{\delta x_{WP}}$	$\frac{\Gamma_e A_e}{\delta x_{PE}}$	—	—			$\rho c \frac{\Delta x}{\Delta t}$	$a_W + a_E + a_P^0 - S_P$
2D	$\frac{\Gamma_w A_w}{\delta x_{WP}}$	$\frac{\Gamma_e A_e}{\delta x_{PE}}$	$\frac{\Gamma_s A_s}{\delta y_{SP}}$	$\frac{\Gamma_n A_n}{\delta y_{PN}}$	—	—	$\rho c \frac{\Delta x \Delta y}{\Delta t}$	$a_W + a_E + a_S +$ $a_N + a_P^0 - S_P$
3D	$\frac{\Gamma_w A_w}{\delta x_{WP}}$	$\frac{\Gamma_e A_e}{\delta x_{PE}}$	$\frac{\Gamma_s A_s}{\delta y_{SP}}$	$\frac{\Gamma_n A_n}{\delta y_{PN}}$	$\frac{\Gamma_b A_b}{\delta z_{BP}}$	$\frac{\Gamma_t A_t}{\delta z_{PT}}$	$\rho c \frac{\Delta x \Delta y \Delta z}{\Delta t}$	$a_W + a_E + a_S + a_N +$ $a_B + a_T + a_P^0 - S_P$

事实上,式(7-28)的获得可参看式(7-11)或式(7-12).对式(7-27)右端的离散与稳态扩散问题一样,只是等号左端与时间有关,在离散后出现与时间有关的项 $a_P^0 \varphi_P^0$,主节点场变量系数 a_P 的计算式中也只多了一项 a_P^0.

§7-3 非稳态对流扩散问题的离散方程

一、一阶差分格式非稳态对流扩散问题

非稳态对流扩散问题控制微分方程的通用格式为

$$\frac{\partial}{\partial t}(\rho\varphi)+\mathrm{div}(\rho u\varphi)=\mathrm{div}(\Gamma\cdot\mathrm{grad}\varphi)+S_\varphi \tag{7-27}$$

除等式左端第一项与时间有关外,其余各项与稳态对流扩散问题控制微分方程一样,而第一项空间离散时采用控制容积积分,对时间离散时仍采用非稳态扩散问题的差分格式,有

$$\int_t^{t+\Delta t}\int_{\Delta V}\frac{\partial}{\partial t}(\rho\varphi)\mathrm{d}V\mathrm{d}t\approx \rho_P(\varphi_P-\varphi_P^0)\Delta V \tag{7-28}$$

类似于非稳态扩散问题离散方程的推导,可得非稳态对流扩散问题离散方程.事实上采用全隐格式时方程式(7-27)中与时间无关的各项在时间间隔 Δt 内积分,可得

$$\int_t^{t+\Delta t}\mathrm{div}(\rho u\varphi)\mathrm{d}t-\int_t^{t+\Delta t}\mathrm{div}(\Gamma\cdot\mathrm{grad}\varphi)\mathrm{d}t-\int_t^{t+\Delta t}S_\varphi\mathrm{d}t \tag{7-29}$$
$$=[\mathrm{div}(\rho u\varphi)-\mathrm{div}(\Gamma\cdot\mathrm{grad}\varphi)-S_\varphi]\Delta t$$

将式(7-28)代入,得

$$\rho_P(\varphi_P-\varphi_P^0)\Delta V=\int_{\Delta V}[-\mathrm{div}(\rho u\varphi)+\mathrm{div}(\Gamma\cdot\mathrm{grad}\varphi)+S_\varphi]\Delta t\mathrm{d}V \tag{7-30a}$$

即

$$\rho_P(\varphi_P-\varphi_P^0)\frac{\Delta V}{\Delta t}=\int_{\Delta V}[-\mathrm{div}(\rho u\varphi)+\mathrm{div}(\Gamma\cdot\mathrm{grad}\varphi)+S_\varphi]\mathrm{d}V \tag{7-30b}$$

等式左端可写为

$$\rho_P(\varphi_P-\varphi_P^0)\frac{\Delta V}{\Delta t}=\rho_P\frac{\Delta V}{\Delta t}\varphi_P-\rho_P\frac{\Delta V}{\Delta t}\varphi_P^0=a_P^0\varphi_P-a_P^0\varphi_P^0 \tag{7-31a}$$

等式右端为

$$\int_{\Delta V}[-\mathrm{div}(\rho u\varphi)+\mathrm{div}(\Gamma\cdot\mathrm{grad}\varphi)+S_\varphi]\mathrm{d}V=-a_P'\varphi_P+\sum a_{nb}\varphi_{nb}+S_u \tag{7-31b}$$

从而

$$a_P^0\varphi_P-a_P^0\varphi_P^0=-a_P'\varphi_P+\sum a_{nb}\varphi_{nb}+S_u \tag{7-32a}$$

即

$$a_P^0\varphi_P+a_P'\varphi_P=\sum a_{nb}\varphi_{nb}+a_P^0\varphi_P^0+S_u \tag{7-32b}$$

令 $a_P=a_P^0+a_P'$,有

$$a_P\varphi_P=\sum a_{nb}\varphi_{nb}+a_P^0\varphi_P^0+S_u \tag{7-33}$$

即
$$a_P\varphi_P = a_W\varphi_W + a_E\varphi_E + a_S\varphi_S + a_N\varphi_N + a_B\varphi_B + a_T\varphi_T + a_P^0\varphi_P^0 + S_u \quad (7\text{-}34)$$

其中
$$a_P = a_W + a_E + a_S + a_N + a_B + a_T + a_P^0 + \Delta F - S_P$$

$$a_P^0 = \rho_P \frac{\Delta V}{\Delta t}, \quad \bar{S}\Delta V = S_u + S_P\varphi_P$$

式(7-34)中其余系数 a_W、a_E、a_S、a_N、a_B、a_T 的形式取决于计算控制容积各界面处场变量值时采用的差分格式.表 7-5 给出乘方格式的系数计算公式.

表 7-5　乘方格式的系数计算公式

	一维	二维	三维
a_W	$D_w \cdot \max[0,(1-0.1\|Pe_w\|)^5]$ $+\max[0,F_w]$	$D_w \cdot \max[0,(1-0.1\|Pe_w\|)^5]$ $+\max[0,F_w]$	$D_w \cdot \max[0,(1-0.1\|Pe_w\|)^5]$ $+\max[0,F_w]$
a_E	$D_e \cdot \max[0,(1-0.1\|Pe_e\|)^5]$ $+\max[-F_e,0]$	$D_e \cdot \max[0,(1-0.1\|Pe_e\|)^5]$ $+\max[-F_e,0]$	$D_e \cdot \max[0,(1-0.1\|Pe_e\|)^5]$ $+\max[-F_e,0]$
a_S	—	$D_s \cdot \max[0,(1-0.1\|Pe_s\|)^5]$ $+\max[0,F_s]$	$D_s \cdot \max[0,(1-0.1\|Pe_s\|)^5]$ $+\max[0,F_s]$
a_N	—	$D_n \cdot \max[0,(1-0.1\|Pe_n\|)^5]$ $+\max[-F_n,0]$	$D_n \cdot \max[0,(1-0.1\|Pe_n\|)^5]$ $+\max[-F_n,0]$
a_B	—	—	$D_b \cdot \max[0,(1-0.1\|Pe_b\|)^5]$ $+\max[0,F_b]$
a_T	—	—	$D_t \cdot \max[0,(1-0.1\|Pe_t\|)^5]$ $+\max[-F_t,0]$
ΔF	$F_e - F_w$	$F_e - F_w + F_n - F_s$	$F_e - F_w + F_n - F_s + F_t - F_b$
$\bar{S}\Delta V$	$S_u + S_P\varphi_P$	$S_u + S_P\varphi_P$	$S_u + S_P\varphi_P$

二、QUICK 格式非稳态对流扩散问题

下面通过一个例子来说明非稳态对流扩散问题采用 QUICK 格式计算时的计算过程.

例 7.3　一维非稳态对流扩散问题如图 7-7 所示,场变量 φ 沿 x 轴向流动,速度为 $u=2.0$ m/s,长度 $L=1.5$ m,密度 $\rho=1.0$ kg/m³,扩散系数 $\Gamma=0.03$ kg/(m·K).

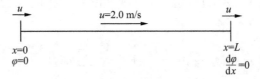

图 7-7　非稳态对流扩散问题算例

边界条件: $x=0$ 处, $\varphi=0$; $x=L$ 处, $\dfrac{\mathrm{d}\varphi}{\mathrm{d}x}=0$.

源项分布如图 7-8 所示, $x_1=0.6$ m, $x_2=0.2$ m, $a=200, b=100$.

初始条件：$t=0$ 时,全场 $\varphi=0$.

求场变量 φ 的变化过程直至 φ 达到稳定状态.

解： 一维非稳态对流扩散问题控制微分方程为

$$\frac{\partial(\rho\varphi)}{\partial t}+\frac{\partial(\rho u\varphi)}{\partial x}=\frac{\partial}{\partial x}\left(\Gamma\frac{\partial\varphi}{\partial x}\right)+S \tag{7-35}$$

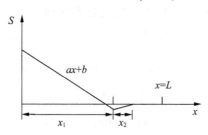

图 7-8 例 7-3 **源项分布**

将求解域分成 45 个节点的网格系统,采用 Hayase 等人的修正 QUICK 格式,因这样可使最终的离散方程采用 TDMA 算法求解,编程并通过计算机完成计算.

此时,各计算参数为：$u=2.0$ m/s,$\Delta x=0.033\,3$,$F=\rho u=2.0$,$D=\dfrac{\Gamma}{\delta x}=0.9$. 它们对所有控制容积成立. 修正的 QUICK 格式在计算控制容积各界面处场变量值时采用公式：

$$\varphi_e=\varphi_P+\frac{1}{8}(3\varphi_E-2\varphi_P-\varphi_W) \tag{7-36}$$

$$\varphi_w=\varphi_W+\frac{1}{8}(3\varphi_P-2\varphi_W-\varphi_{WW}) \tag{7-37}$$

一般节点处的全隐格式离散方程形式为

$$\begin{aligned}\rho(\varphi_P-\varphi_P^0)\frac{\Delta x}{\Delta t}&+F_e\left[\varphi_P+\frac{1}{8}(3\varphi_E-2\varphi_P-\varphi_W)\right]\\&-F_w\left[\varphi_W+\frac{1}{8}(3\varphi_P-2\varphi_W-\varphi_{WW})\right]\\&=D_e(\varphi_E-\varphi_P)-D_w(\varphi_P-\varphi_W)+\int_{\Delta x}S\,\mathrm{d}x\end{aligned} \tag{7-38}$$

而

$$\int_{\Delta x}S\,\mathrm{d}x=\begin{cases}\int_0^{0.6}(ax+b)\,\mathrm{d}x=24,&x\leqslant 0.6\\\int_{0.6}^{0.8}(100x-80)\,\mathrm{d}x=-2,&0.6<x\leqslant 0.8\\0,&x>0.8\end{cases}$$

对于第一个节点和最后一个节点需特殊处理. 节点 1 所在控制容积西侧外边界要设定一个镜像外点. 由于边界 $x=0$ 处 $\varphi_A=0$,则线性外插的镜像点处场变量值为

$$\varphi_0=-\varphi_P \tag{7-39}$$

边界处的扩散流为

$$\Gamma\frac{\partial\varphi}{\partial x}\bigg|_A=\frac{\varphi_A}{3}(9\varphi_P-8\varphi_A-\varphi_E) \tag{7-40}$$

从而节点 1 处的离散方程为

$$\rho(\varphi_P-\varphi_P^0)\frac{\Delta x}{\Delta t}+F_e\left[\varphi_P+\frac{1}{8}(3\varphi_E-\varphi_P)\right]-F_A\varphi_A \\ =D_e(\varphi_E-\varphi_P)-\frac{D_A}{3}(9\varphi_P-8\varphi_A-\varphi_E) \quad (7\text{-}41)$$

最后一个节点的控制容积东侧界面的场变量变化梯度为零,因此通过此界面的扩散量为零.边界处的场变量值 φ_B 等于上游节点值 $\varphi_B=\varphi_P$. 从而最后一个节点的离散方程为

$$\rho(\varphi_P-\varphi_P^0)\frac{\Delta x}{\Delta t}+F_B\varphi_P-F_w\left[\varphi_w+\frac{1}{8}(3\varphi_P-2\varphi_w-\varphi_{ww})\right]=0-D_w(\varphi_P-\varphi_w) \quad (7\text{-}42)$$

式(7-38)、式(7-41)和式(7-42)可写成统一的标准形式:

$$a_P\varphi_P=a_W\varphi_W+a_E\varphi_E+a_P^0\varphi_P^0+S_u \quad (7\text{-}43)$$

式中

$$a_P=a_W+a_E+a_P^0+(F_e-F_w)-S_P,\ a_P^0=\rho\frac{\Delta x}{\Delta t}$$

式(7-43)中的各系数值如表 7-6 所示.

表 7-6 式(7-43)中的各系数值

节点	a_W	a_E	S_P	S_u
1	0	$D_e+\dfrac{D_A}{3}$	$-\left(\dfrac{8}{3}D_A+F_A\right)$	$\left(\dfrac{8}{3}D_A+F_A\right)\varphi_A+\dfrac{1}{8}F_e(\varphi_P-3\varphi_E)+S$
2	D_w+F_w	D_e	0	$\dfrac{1}{8}F_w(3\varphi_P-\varphi_w)+\dfrac{1}{8}F_e(\varphi_w+2\varphi_P-3\varphi_E)+S$
3~44	D_w+F_w	D_e	0	$\dfrac{1}{8}F_w(3\varphi_P-2\varphi_w-\varphi_{ww})+\dfrac{1}{8}F_e(\varphi_w+2\varphi_P-3\varphi_E)+S$
45	D_w+F_w	0	0	$\dfrac{1}{8}F_w(3\varphi_P-2\varphi_w-\varphi_{ww})$

而

$$S=\begin{cases}24, & x\leqslant 0.6 \\ -2, & 0.6<x\leqslant 0.8 \\ 0, & x>0.8\end{cases}$$

为保证计算精度,这里取 $\Delta t=0.01\text{ s}$ 作为时间迭代步长,它远小于显示格式稳定计算极限值的 Δt,将数值代入方程各系数计算式,可得如表 7-7 所示的结果.

表 7-7 例 7.3 离散方程各系数计算结果

节点	a_W	a_E	a_P^0	总源项	S_P	a_P
1	0	12	3.33	$4.4\varphi_A+0.25(\varphi_P-3\varphi_E)+3.33\varphi_P^0$	-4.4	8.93
2	2.9	0.9	3.33	$0.025(5\varphi_P-3\varphi_E)+3.33\varphi_P^0$	0	7.13
3~44	2.9	0.9	3.33	$0.25(5\varphi_P-\varphi_w-\varphi_{ww}-3\varphi_E)+3.33\varphi_P^0$	0	7.13
45	2.9	0	3.33	$0.25(3\varphi_P-2\varphi_w-\varphi_{ww})+0.33\varphi_P^0$	0	6.23

得到代数方程组后即可由计算机编程计算. 起始时刻所有节点 $\varphi_P^0=0$, 然后按时间步长迭代求解. 若两相邻时间步长计算结果相差足够小(如 10^{-6}), 则认为已达到稳定状态.

////////计算程序 7.2////////////////

```cpp
#include<iostream>
#include<cmath>
#include<cstdlib>
#include<iomanip>
#include<fstream>
#include<sstream>
#include<string>
#include<vector>
using namespace std;
const int n=45;                                 //节点个数
double ph0=0;                                   //初始温度
const double dt=0.01;                           //时间步长
const double L=1.5;                             //x方向总长
const double dx=L/n;
const double gamma=0.03;                        //导热系数
const double rou=1.0;                           //密度
const double u=2.0;                             //速度
const double F=rou*u;
const double D=gamma/dx;
const double ap0=rou*dx/dt;
double a[n+1][n+1],b[n+1],phi[n+1],phi0[n+1];
                                                //系数矩阵,常数项及待求变量
double time;                                    //时间变量
void renew(double a[][n+1],double b[], int n)   //更新矩阵
{   a[1][1]=ap0+D+D/3.0+(8.0/3.0*D+F);a[1][2]=-(D+D/3.0);
    a[2][1]=-(D+F);   a[2][2]=2*D+F+ap0;   a[2][3]=-D;
    for(int i=3;i<=(n-1);i++)
    {a[i][i-1]=-(D+F);a[i][i]=2*D+F+ap0;a[i][i+1]=-D;}
    a[n][n-1]=-(D+F);   a[n][n]=ap0+D+F;
    double S;
    b[1]=ap0*phi0[1]+1.0/8.0*F*(phi0[1]-3*phi0[2])+24;
    b[2]=ap0*phi0[2]+1.0/8.0*F*(3*phi0[2]-phi0[1])+ 1.0/8.0*F*
        (phi0[1]+2*phi0[2]-3*phi0[3])+24;
```

```cpp
    for(i=3;i<=n-1;i++)
    {   if(((i-1)*dx+dx/2.0)<=0.6)    S=24;
        if((((i-1)*dx+dx/2.0)>0.6) && (((i-1)*dx+dx/2.0)<=0.8))
          S=-2;
        if(((i-1)*dx+dx/2.0)>0.8)
          S=0;
        b[i]=ap0*phi0[i]+1.0/8.0*F*(3*phi0[i]-2*phi0[i-1]-
            phi0[i-2])+1.0/8.0*F*(phi0[i-1]+2*phi0[i]
            -3*phi0[i+1])+S;
    }
    b[n]=ap0*phi0[n]+1.0/8.0*F*(3*phi0[n]-2*phi0[n-1]
        -phi0[n-2]);
}

void TDMA(double a[][n+1],double b[], double phi[], int n )
{    vector<double> C(n+1,0),phi1(n+1,0),alph(n+1,0),belt(n+1,0),
        D(n+1,0),A(n+1,0),Cpi(n+1,0);              //TDMA 系数赋值
    for(int  j=0;j<=n;j++)
        { belt[j]=-a[j][j-1]; D[j]=a[j][j]; alph[j]=-a[j][j+1]; C[j]=b[j]; }
        for(j=1;j<=n;j++)                           //消元
        {   A[j]=alph[j]/(D[j]-belt[j]*A[j-1]);
            Cpi[j]=(belt[j]*Cpi[j-1]+C[j])/(D[j]-belt[j]*A[j-1]);
        }                                            //回代
    phi1[n]=Cpi[n];
    for(j=n-1;j>=1;j--)    phi1[j]=A[j]*phi1[j+1]+Cpi[j];
    for(j=1;j<=n;j++) phi[j]=phi1[j];           //$\varphi_1$ 值传给 $\varphi$
}

void output()
{   cout<<"-------------------------"<<endl;
    cout<<"t="<<time<<",   计算步数="<<Kcompute<<endl;
    for(int i=1;i<=n;i++) cout<<phi[i]<<endl;
}

void main()
{   using namespace std;
    for(int i=1;i<=n;i++)
```

```
    { phi[i]=ph0;phi0[i]=ph0;}
    time=0;
    int go=1;
    do { go=0;
        time=time+dt;                              //时间推进
        renew(a,b,n);
        TDMA(a,b,phi,n);
        for(i=1;i<=n;i++)  {if(fabs(phi[i]-phi0[i])>1.0e-6) go=1;}
        for(i=1;i<=n;i++) phi0[i]=phi[i];          //计算结果赋给phi0[i]
        output();
    }
    while(go==1);                                  //时间循环结束
}
```

§7-4 非稳态压力—速度耦合问题求解过程

一、SIMPLE 算法在瞬态问题中的应用

非稳态压力—速度耦合问题的控制微分方程在二维情况下只是比稳态情况的描述方程式(5-2)各方程中多一项时间相关项：

$$\begin{cases} \dfrac{\partial}{\partial t}(\rho u)+\dfrac{\partial}{\partial x}(\rho uu)+\dfrac{\partial}{\partial y}(\rho vu)=\dfrac{\partial}{\partial x}\left(\mu\dfrac{\partial u}{\partial x}\right)+\dfrac{\partial}{\partial y}\left(\mu\dfrac{\partial u}{\partial y}\right)-\dfrac{\partial p}{\partial x}+S_u \\ \dfrac{\partial}{\partial t}(\rho v)+\dfrac{\partial}{\partial x}(\rho uv)+\dfrac{\partial}{\partial y}(\rho vv)=\dfrac{\partial}{\partial x}\left(\mu\dfrac{\partial v}{\partial x}\right)+\dfrac{\partial}{\partial y}\left(\mu\dfrac{\partial v}{\partial y}\right)-\dfrac{\partial p}{\partial y}+S_v \\ \dfrac{\partial \rho}{\partial t}+\dfrac{\partial}{\partial x}(\rho u)+\dfrac{\partial}{\partial y}(\rho v)=0 \end{cases} \quad (7\text{-}44)$$

前两式为动量方程，其中与时间无关的项离散时与稳态方程离散时一样，而与时间相关项的离散已经在§7-3节中讨论过了. 因此非稳态动量方程的离散方程只比稳态情况方程式(5-8)、式(5-10)多一项 $a_P^0 \varphi_P^0 (\varphi_P^0 = u_P^0$ 或 $\varphi_P^0 = v_P^0)$ 分别对应第一动量方程式或第二动量方程式)，$a_P^0 = \rho_P^0 \Delta x \dfrac{\Delta y}{\Delta t}$，主控制容积节点系数 $a_P = a_W + a_E + a_S + a_N + a_P^0 - S_P$.

式(7-46)中连续性方程在控制容积中积分，可得

$$(\rho_P - \rho_P^0)\dfrac{\Delta V}{\Delta t}+[(\rho uA)_e-(\rho uA)_w]+[(\rho vA)_n-(\rho vA)_s]=0 \quad (7\text{-}45)$$

SIMPLE算法中压力修正方程是由连续性方程推导出来的，本质上仍为连续性方程. 完全类似于稳态情况压力修正方程的推导，可得非稳态问题的压力修正方程：

$$a_{I,J}p'_{I,J}=a_{I+1,J}p'_{I+1,J}+a_{I-1,J}p'_{I-1,J}+a_{I,J+1}p'_{I,J+1}+a_{I,J-1}p'_{I,J-1}+b'_{I,J} \quad (7\text{-}46)$$

式中

$$a_{I,J} = a_{I+1,J} + a_{I-1,J} + a_{I,J+1} + a_{I,J-1}$$

$$b'_{I,J} = (\rho u^* A)_{i,j} - (\rho u^* A)_{i+1,j} + (\rho v^* A)_{i,j} - (\rho v^* A)_{i,j+1} + (\rho_P^0 - \rho_P)\frac{\Delta V}{\Delta t}$$

而

$$a_{I-1,J} = (\rho d A)_{i,j}$$
$$a_{I+1,J} = (\rho d A)_{i+1,j}$$
$$a_{I,J-1} = (\rho d A)_{i,j}$$
$$a_{I,J+1} = (\rho d A)_{i,j+1}$$

可见非稳态情况下压力修正方程式(7-46)只是源项 $b'_{I,J}$ 与稳态情况下压力修正方程式 (5-30)不同，$b'_{I,J}$ 也只是多了一项与时间相关的密度变化项，其余各项完全相同. 因此，非稳态压力—速度耦合问题的计算过程与稳态情况类似，只是多了一层时间迭代. 而时间的推进格式通常可采用全隐格式. 中间压力修正过程和速度修正过程则可以采用 SIMPLE、SIMPLER 或 SIMPLEC 等算法中的任意一种. 当每一时间层的计算结果迭代收敛之后，即可进入下一时间层的迭代计算. 图 7-9 表示了瞬态 SIMPLE 算法的计算流程.

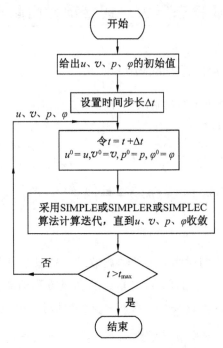

图 7-9 瞬态 SIMPLE 算法流程图

二、瞬态 PISO 算法

PISO 算法本来就是基于算子分裂技术的求解非稳态问题的非迭代算法. 在这里我们从稳态过程 PISO 算法出发讨论 PISO 算法在非稳态过程中的应用. 事实上与前面讨论 SIMPLE 算法在非稳态情况下的应用类似，PISO 算法仍然要求解非稳态动量方程和连续性方程导出的压力修正方程，但是 PISO 算法需要求解两次压力修正方程.

如前所述，非稳态动量方程的离散方程会多出一项时间相关项 $a_P^0 u_P^0$ 或 $a_P^0 v_P^0$。在两个压力修正方程的源项中也要加上 $(\rho_P^0 - \rho_P)\dfrac{\Delta V}{\Delta t}$。从而非稳态压力—速度耦合问题的 PISO 算法只是在稳态问题 PISO 算法的迭代循环的基础上再加上一层时间推进循环。

由于 PISO 算法求解压力修正方程和动量方程的最终结果精度较高，迭代次数可以减少。因此，尽管 PISO 算法要求解两次压力修正方程，但一般情况下比起 SIMPLE 算法及其改进算法仍然节省计算时间。通常，瞬态计算结果的精度取决于时间推进步长的选择，当选择足够小的时间推进步长时，PISO 算法可获得较高精度的计算结果。

此外，前面讨论的显式格式或隐式格式的时间迭代都是基于一阶差分的时间迭代。为提高时间迭代的精度，也可以采用二阶或更高阶的时间差分。当然，二阶时间差分要用到三个时间层次的场变量值，即 $n-1$、n、$n+1$ 时间层的已知或未知场变量值。如计算温度随时间变化量 $\dfrac{\partial T}{\partial t}$，采用二阶差分要用到 T^{n-1}、T^n、T^{n+1}。其中 T^{n-1}、T^n 为已知值，由前面时间层次计算得到。而 T^{n+1} 则是未知的本时间层要计算的温度值。二阶时间差分格式为

$$\dfrac{\partial T}{\partial t} \approx \dfrac{1}{2\Delta t}(3T^{n+1} - 4T^n + T^{n-1}) \tag{7-47}$$

当然，若要采用二阶时间差分，动量方程和压力修正方程的时间相关项必须重新推导。通常将与时间层 n 和 $n+1$ 相关的场变量值放入方程右端的源项中即可。

三、稳态问题的伪瞬态解法

第 5 章讨论 SIMPLE 算法时曾提到动量方程的迭代计算要采用亚松弛因子来保证压力速度修正后的迭代计算过程稳定。例如，x 方向动量方程的亚松弛迭代方程式(5-40)表达式如下：

$$\dfrac{a_{i,j}}{\alpha_u} u_{i,j}^n = \sum a_{nb} u_{nb} + (p_{I-1,J} - p_{I,J})A_{i,j} + b_{i,j} + \left[\dfrac{(1-\alpha_u)}{\alpha_u} a_{i,j}\right] u_{i,j}^{n-1}$$

而本章前面提到的全隐格式非稳态动量方程的离散方程为

$$\left(a_{i,j} + \dfrac{\rho_{i,j}^0 \Delta V}{\Delta t}\right) u_{i,j} = \sum a_{nb} u_{nb} + (p_{I-1,J} - p_{I,J})A_{i,j} + b_{i,j} + \dfrac{\rho_{i,j}^0 \Delta V}{\Delta t} u_{i,j}^0 \tag{7-48}$$

式(5-40)中上角标 $n-1$ 表示前一迭代步的值，式(7-48)上角标 0 表示前一时间层的计算值。若将稳态问题求解过程的迭代计算看作瞬态问题求解中的时间推进过程或者反过来看，则两者的计算过程可以认为是一样的，即都是通过一层一层的计算来得到最终结果。比较两式可看出：

$$\dfrac{1-\alpha_u}{\alpha_u} a_{i,j} = \dfrac{\rho_{i,j}^0 \Delta V}{\Delta t} \ \text{或} \ \Delta t = \dfrac{\alpha_u}{1-\alpha_u} \cdot \dfrac{\rho_{i,j}^0 \Delta V}{a_{i,j}}$$

则稳态问题的迭代过程与时间步长采用特定值时的瞬态问题时间推进过程完全一样。这种方法或计算过程称为稳态问题的伪瞬态解法。它被用于某些稳态流动问题的迭代计算过程中。

小 结

(1) 本章讨论了非稳态扩散问题、对流扩散问题和压力—速度耦合问题的计算方法. 讨论了三种时间推进格式：

① 显式格式：只用到场变量 φ 在前一时间层的值.

② Crank-Nicolson 格式：用场变量 φ 在前一时间层和当前时间层的值的加权组合, 权系数为 $\frac{1}{2}$.

③ 全隐格式：只用到场变量 φ 在当前时间层的值.

(2) 三种时间推进格式计算稳定性和精度比较如表 7-8 所示.

表 7-8　三种时间推进格式计算稳定性和精度比较

格式	稳定性	精度	保持方程系数为正的判据
显式	条件稳定	一阶截差	$\Delta t < \dfrac{\rho c (\Delta x)^2}{2\Gamma}$
C-N 格式	无条件稳定	二阶截差	$\Delta t < \dfrac{\rho c (\Delta x)^2}{\Gamma}$
全隐	无条件稳定	一阶截差	永远为正

(3) 全隐格式由于其无条件稳定且方程系数保持正值, 成为计算非稳态问题最适合的算法. 但计算花费较显式格式要高.

(4) 全隐格式下扩散问题、对流扩散问题和压力—速度耦合问题的离散方程可以认为除主节点系数和源项有微小差别外, 与对应的稳态问题离散方程完全一样. 设用上角标 t 表示非稳态, s 表示稳态, 则两者方程系数的差别仅仅在

$$a_P^t = a_P^s + a_P^0,\quad b_P^t = b_P^s + a_P^0 \varphi_P^0,\quad a_P^0 = \rho_P^0 \frac{\Delta V}{\Delta t}$$

(5) 对 SIMPLE 算法中的压力修正方程, 非稳态计算要将其源项 b_P 中加入 $\dfrac{(\rho_P^0 - \rho_P)\Delta V}{\Delta t}$, 计算过程则是在原稳态 SIMPLE 迭代循环外再加上一个时间推进过程.

(6) 具有两次校正步长的 PISO 算法计算精度高, 使方程收敛的迭代次数少, 因此很适合非稳态问题的计算.

(7) 亚松弛动量方程迭代过程与非稳态问题动量方程的时间推进过程在特定的时间步长条件下可互换. 稳态迭代与瞬态时间推进在这种情况下达到统一. 这种伪瞬态迭代方法被用于一些有复杂物理现象的稳态流动问题的求解过程中.

第8章 边界条件处理

§8-1 引言

求解流体流动与传热问题,除了要有描述流动与传热现象的微分方程外,还要有确定的定解条件.对于稳态问题,边界条件就是定解条件.对于非稳态问题,边界条件和初始条件共同形成定解条件.本章讨论边界条件的处理过程.

通常,流动与传热问题的边界条件主要有入口边界、出口边界、固体壁面边界、压力边界、对称边界和周期性边界等.

不同的边界条件,有限体积法计算式的处理略有不同.对于交错网格系统,在划分网格时一般在边界外侧设置一"层"额外的节点.

计算是在内部节点($J=2,I=2$)处,边界控制容积也是如此.最外一"层"的节点只是为了给定边界值之用.这样布置可使边界条件对离散方程和边界控制容积积分的改动最小.

以图 8-1 所示的二维网格为例,物理模型在 x、y 方向分割为 NX、NY 段,在边界外侧设置一"层"额外的节点,故 x 方向节点总数为 $NX+2$,y 方向节点总数为 $NY+2$. 即 I 的范围为 $1\sim NX+2$,$I=1$ 和 $I=NX+2$ 是额外节点;J 的范围为 $1\sim NY+2$,$J=1$ 和 $J=NY+2$ 是额外节点.待求标量置于 $I=2\sim NX+1$,$J=2\sim NY+1$.

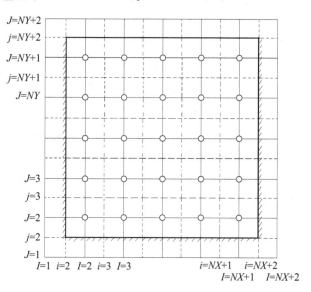

图 8-1 二维网格

图 8-1 对应的 u 控制容积如图 8-2 所示，u 所在的 i 范围为 $2\sim NX+2$，其中 $i=2$ 和 $i=NX+2$ 为物理边界，待求的 $u_{i,J}$ 的节点范围为 $i=3\sim NX+1, J=2\sim NY+1$. 边界控制容积对应于 $u_{i,J}(i=3\sim NX+1, J=2)$、$u_{i,J}(i=3\sim NX+1, J=NY+1)$、$u_{i,J}(i=3, J=3\sim NY)$、$u_{i,J}(i=NX+1, J=3\sim NY)$. 其中拐角边界控制容积（有两个相邻节点在物理边界上）对应的 $u_{i,J}$ 有四个，分别为 $u_{3,2}$、$u_{3,NY+1}$、$u_{NX+1,2}$、$u_{NX+1,NY+1}$. 一般边界控制容积（有一个相邻节点在物理边界上）对应于 $u_{i,J=2}(i=4\sim NX)$、$u_{i=3,J}(J=3\sim NY)$、$u_{i=NX+1,J}(J=3\sim NY)$、$u_{i,J=NY+1}(i=4\sim NX)$.

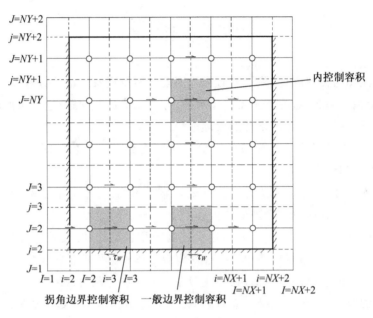

图 8-2 u 控制容积

同理，图 8-1 对应的 v 控制容积如图 8-3 所示，v 所在的 j 范围为 $2\sim NY+2$，其中 $j=2$ 和 $j=NY+2$ 为物理边界，待求的 $v_{I,j}$ 的节点范围为 $j=3\sim NY+1, I=2\sim NX+1$. 边界控制容积对应于 $v_{I,j}(I=2\sim NX+1, j=3)$、$v_{I,j}(I=2\sim NX+1, j=NY+1)$、$v_{I,j}(I=2, j=4\sim NY)$、$v_{I,j}(I=NX+1, j=4\sim NY)$. 其中拐角边界控制容积分别为 $v_{2,3}$、$v_{2,NY+1}$、$v_{NX+1,3}$、$v_{NX+1,NY+1}$. 图 8-3 中标的一般边界控制容积对应于 $v_{I,j=3}(I=3\sim NX)$、$v_{I=2,j}(j=4\sim NY)$、$v_{I=NX+1,j}(j=4\sim NY)$、$v_{I,j=NY+1}(I=3\sim NX)$.

之前处理边界条件时是通过切断离散方程与边界边的联系并对方程源项进行修正来实现的，即令离散方程中边界边的系数为零，同时边界边的流量用精确值或线性近似值引入源项中. 当边界条件为给定流量时可用这种方法处理，若边界条件为给定场变量值时，可用更简单的方法处理. 例如，给定边界边场变量 φ 的值为 φ_{fix}，可以采用一种置大数的方法处理边界条件. 令

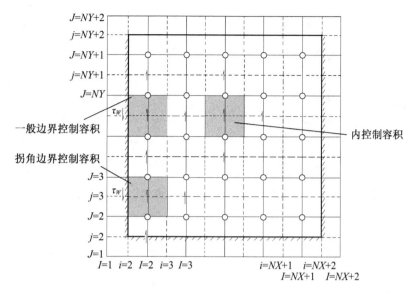

图 8-3 v 控制容积

$$S_P = -10^{30}, \quad S_u = 10^{30} \varphi_{\text{fix}} \tag{8-1}$$

将上述源项加入到离散方程中,成为

$$(a_P + 10^{30}) \varphi_P = \sum a_{nb} \varphi_{nb} + 10^{30} \varphi_{\text{fix}} \tag{8-2a}$$

显然

$$\varphi_P = \frac{\sum a_{nb} \varphi_{nb}}{a_P + 10^{30}} \sum a_{nb} \varphi_{nb} + \frac{10^{30} \varphi_{\text{fix}}}{a_P + 10^{30}} = 0 + \varphi_{\text{fix}} = \varphi_{\text{fix}} \tag{8-2b}$$

因为 $\sum a_{nb} \varphi_{nb}$ 有界,故 $\frac{10^{30}}{(a_P + 10^{30})} \approx 1$.

这一方法不仅可用于边界上给定节点值的计算,对于计算域内任意点的给定节点值的求解都可以采用这种方法处理. 例如,流场内有固定障碍物或(固体)固定温度热源,固体壁面处的 φ 值为一定值,采用上述方法处理可不修改计算程序,不改变方程阶数,不对代数方程组产生不利影响而在希望的节点处解出给定的值.

§8-2 进出口边界条件处理

采用交错网格系统时,边界条件处理会在不同的网格中涉及不同的节点.

一、入口边界条件

入口处要指定流动变量在入口边界节点处的值. 为简单起见,讨论入口边界与 x 坐标方向垂直的情况. 图 8-4~图 8-7 表示边界处计算第一个内节点的起始控制容积位置和相关点的位置. 入口边界值 u_{in}、v_{in} 和 $p'_{\text{in}}(=0)$ 给定位置在 $I=1$(或 $i=2$)处,从紧挨入口边界的下游开始求解离散方程,起始控制容积在图中用阴影表示.

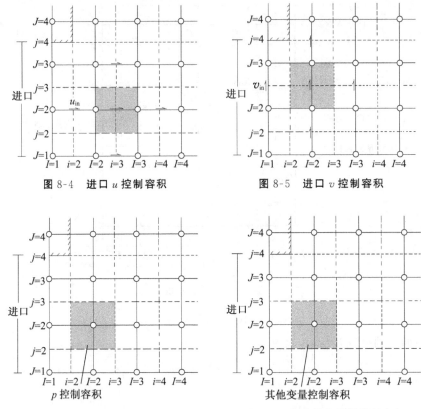

图 8-4 进口 u 控制容积   图 8-5 进口 v 控制容积

图 8-6 进口 p 控制容积   图 8-7 进口其他变量控制容积

求解 u、v 和 φ 方程时，u_{in}、v_{in} 和 φ_{in} 即为入口边界值，直接代入方程（或采用置大数法）；对于压力修正方程，将 $p'_{in}=0$ 代入方程即可. 因入口边界处压力无需修正，所以压力修正方程的 $a_W=0$. 此外，在做速度修正时入口边界速度为已知，压力修正方程的源项也无需修正.

二、出口边界条件

出口边界条件的处理与入口边界条件处理类似. 通常出口边界条件应设置在远离流场内引起扰动的部位（如固体障碍物、热力源）. 此时，出口处的流动状态达到充分发展状态，在流动方向上各参数梯度变化为零，即出口处应为平滑流动. 为简单起见，讨论出口平面与 x 坐标方向垂直的情况. 图 8-8～图 8-11 表示边界处最后一个控制容积位置和相关点的位置，它紧挨出口边界的上游. 若 x 方向的总节点数为 $I=NX+2$，则最后一个控制容积计算在 $i=NX+1$ 位置. 后续计算若用到边界点的 u_{NX+2}，可按梯度变化为零的条件外插值获得. 对于 v 和其他场量变量求解，出口边界意味着 $v_{NX+2,j}=v_{NX+1,j}$ 和 $\varphi_{NX+2,j}=\varphi_{NX+1,j}$. 所以，将此条件直接代入方程即可求解.

值得注意的是，出口流动方向 u 的计算若按梯度为零的条件有 $u_{NX+2,j}=u_{NX+1,j}$，但在 SIMPLE 算法迭代计算中采用这一条件不能保证整个计算区域的流量守恒. 常用的解决方法是：由 $u_{NX+1,j}$ 按外插先计算 $u_{NX+2,j}=u_{NX+1,j}$，由此计算出口边界总流量 M_{out}.

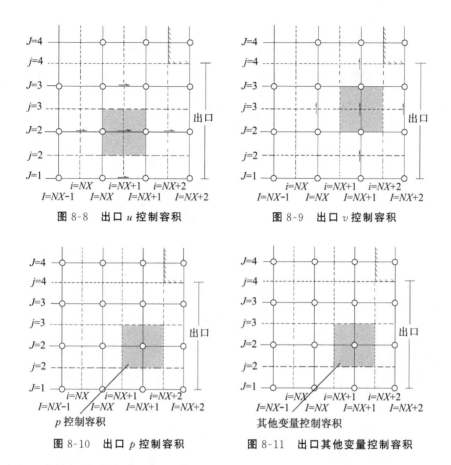

图 8-8　出口 u 控制容积　　　图 8-9　出口 v 控制容积

图 8-10　出口 p 控制容积　　　图 8-11　出口其他变量控制容积

然后在上述外插公式中乘以如下修正因子：

$$u_{NX+2,j} = u_{NX+1,j} \frac{M_{\text{in}}}{M_{\text{out}}} \tag{8-3}$$

式中，M_{in} 为入口总流量。

出口边界的速度值无需用压力修正方程解出的 p' 修正，因此，求解 p' 方程式(5-32)时，将控制容积东侧界面系数 $a_E = 0$，源项中 $u_E^* = u_E$，其余不做修正。

§8-3　固体壁面边界条件处理

固体壁面边界条件是流动和传热计算中最常见的边界条件。但是处理起来因要涉及流动状态问题，相对比较复杂。为简单计，讨论固体壁面边界与 x 坐标方向平行的情况。此时近壁处速度 u 平行于壁面，v 垂直于壁面。图 8-12～图 8-14 表示了近壁处网格和控制容积的细节。

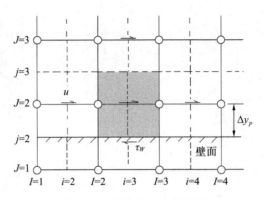

图 8-12　近壁处 u 控制容积

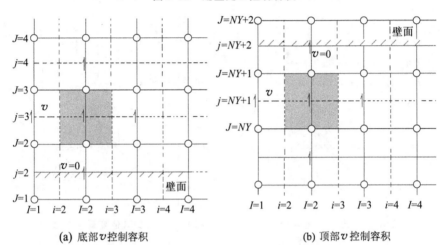

(a) 底部 v 控制容积　　　　　　　　(b) 顶部 v 控制容积

图 8-13　近壁处 v 控制容积

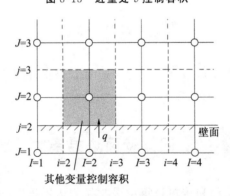

其他变量控制容积

图 8-14　近壁处其他变量控制容积

无滑移条件是固壁处的速度边界条件,即在壁面上 $u=v=0$. 图 8-13(a) 中 $j=2$ [或图 8-13(b) 中 $j=NY+2$] 处垂直于壁面的速度分量 $v=0$,则紧邻控制容积 ($j=3$ 或 $j=NY+1$) 的动量方程可以不做修正. 同时,因为壁面速度为已知,此处的压力修正也是不必要的. 设置 $a_S=0$ (或 $a_N=0$) 和 $v_S^*=v_S$ (或 $v_N^*=v_N$),即可求解最接近壁面的 v 控制容积的压力修正方程.

其他场变量的求解则取决于近壁处流体的流动状态是层流还是紊流. 若整个流场的流

动状态是层流,则计算按层流处理;若流场的流动状态为紊流,则取决于近壁网格的密度.因主流为紊态流动的流体在近壁处存在层流底层,若近壁处网格足够密,则贴近壁面的网格内流体流动可能处于层流状态.而判断紊态流动要用到所谓无量纲距离 y^+. y^+ 的计算公式为

$$y^+ = \frac{\Delta y_P}{\nu}\sqrt{\frac{\tau_w}{\rho}} \tag{8-4}$$

式中,Δy_P 为紧挨壁面的第一个节点到壁面的垂直距离(图 8-15),ν 为流体的运动粘度,ρ 为流体密度,τ_w 为壁面粘性应力.

当 $y^+ \leqslant 11.63$ 时认为流动状态与层流一样,当 $y^+ > 11.63$ 时认为流动状态为紊流.层流状态流动近壁处速度从 0 变化到主流速度时呈线性变化,紊流时速度变化符合对数率.11.63 是两种变化率的交点.这一数值的获得是通过求解下述方程得到的:

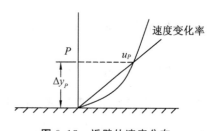

图 8-15 近壁处速度分布

$$y^+ = \frac{1}{\kappa}\ln(Ey^+) \tag{8-5}$$

式中,κ 为冯·卡门常数(0.418 7);E 为与壁面粗糙度有关的积分常数,光滑壁面且壁面剪应力为常数时 $E = 9.793$.

所以,对主流为紊态流动的固壁边界条件进行处理时首先要计算 y^+ 的值,对不同的流态要做不同处理.下面给出层流和紊流时的处理方法.

一、层流状态固壁边界条件处理

这里包括两种情况:层流流动;$y^+ \leqslant 11.63$ 的紊流流动.这两种情况的固壁边界条件处理方式是一样的.

1. u 动量方程处理

层流状态壁面剪应力由下式计算:

$$\tau_w = \mu \frac{u_P}{\Delta y_P} \tag{8-6}$$

式中,u_P 为靠近壁面的节点处流速.

P 点控制容积壁面边的剪力 F_S,可根据剪应力计算得出,即

$$F_S = -\tau_w A_{Cw} = -\mu \frac{u_P}{\Delta y_P} A_{Cw} \tag{8-7}$$

式中,A_{Cw} 为控制容积壁面边的面积.

因此,动量方程要加入源项:

$$S_P = -\frac{\mu}{\Delta y_P} A_{Cw} \tag{8-8}$$

2. 能量方程处理

(1) 固体壁面温度 T_w 为已知时,由壁面进入控制容积的热流量为

$$q_w = -\frac{\mu}{\sigma}\frac{C_P(T_P-T_w)}{\Delta y_P}A_{Cw} = \frac{\mu}{\sigma}\frac{C_P T_w}{\Delta y_P}A_{Cw} - \frac{\mu}{\sigma}\frac{C_P T_P}{\Delta y_P}A_{Cw} \tag{8-9}$$

式中，C_P 为流体比热容；T_P 为 P 点温度；σ 为层流普朗特数.

从而能量方程需加入源项：

$$S_P = -\frac{\mu}{\sigma}\frac{C_P}{\Delta y_P}A_{Cw}, \quad S_u = \frac{\mu}{\sigma}\frac{C_P T_w}{\Delta y_P}A_{Cw} \tag{8-10}$$

（2）固体壁面处有固定热流 q_w 时，直接通过热流量线性化源项：

$$q_w = S_u + S_P T_P \tag{8-11}$$

若为绝热状态，则 $S_u = S_P = 0$.

二、紊流状态固壁边界条件处理

当 $y^+ > 11.63$ 时，近壁处第 1 个节点 P 被认为是在对数率的速度变化区中，此时由于壁面到 P 点的距离太大，无法真实反映它们之间的流动规律，因此，通常采用壁面函数来近似模拟壁面到 P 点间的情况. 此外，紊流状态的流体计算，工程上多采用时均方程加紊流模型计算法. 常用的紊流模型为 $k-\varepsilon$ 两方程紊流模型. 因此计算方程组中除动量方程和连续性方程外，还需额外求解两个方程：紊动能 k 方程和紊动耗散率 ε 方程.

采用 $k-\varepsilon$ 两方程紊流模型和壁面函数时近壁处参数间关系如下：

（1）与壁面相切的动量方程.

壁面剪应力为

$$\tau_w = \frac{\rho C_\mu^{\frac{1}{4}} k_P^{\frac{1}{2}} u_P}{u^*} \tag{8-12}$$

壁面剪力为

$$F_s = -\tau_w A_{Cw} = -\left(\frac{\rho C_\mu^{\frac{1}{4}} k_P^{\frac{1}{2}} u_P}{u^*}\right)A_{Cw} \tag{8-13}$$

（2）垂直于壁面的动量方程，速度分量为 0.

（3）紊动能 k 方程.

$$单位体积 k 方程源项 = \frac{(\tau_w u_P - \rho C_\mu^{\frac{3}{4}} k_P^{\frac{3}{2}} u^+)\Delta V}{\Delta y_P} \tag{8-14}$$

（4）紊动耗散率 ε 方程，P 点处的节点值

$$\varepsilon_P = \frac{C_\mu^{\frac{3}{4}} k_P^{\frac{3}{2}} u^+}{\kappa \Delta y_P} \tag{8-15}$$

（5）能量方程，壁面热流

$$q_w = -\frac{\rho C_\mu^{\frac{1}{4}} k_P^{\frac{1}{2}}(T_P - T_w)}{T^+} \tag{8-16}$$

其中，u^+ 为无量纲速度，T^+ 为无量纲温度. 分别定义为

$$u^+ = \frac{1}{\kappa}\ln(Ey^+), \quad T^+ = \sigma_{T,t}\left[u^+ + f\left(\frac{\sigma_{T,l}}{\sigma_{T,t}}\right)\right] \tag{8-17}$$

式中，$\sigma_{T,l}$ 为层流 Prandtl 数，$\sigma_{T,t}$ 为紊流 Prandtl 数(0.9).

函数 $f\left(\dfrac{\sigma_{T,l}}{\sigma_{T,t}}\right)$ 称为 Pee 函数，Jayatilleke(1969)给出的形式为

$$f\left(\frac{\sigma_{T,l}}{\sigma_{T,t}}\right)=9.24\left[\left(\frac{\sigma_{T,l}}{\sigma_{T,t}}\right)^{0.75}-1\right]\times\left\{1+0.28\exp\left[-0.007\left(\frac{\sigma_{T,l}}{\sigma_{T,t}}\right)\right]\right\} \tag{8-18}$$

利用 Pee 函数由式(8-17)可求出 T^+ 和 u^+. 有了这些关系式就可以利用它们对壁面处控制容积的离散方程进行修正，从而用壁面函数模拟近壁处紊流状态.

1. 平行于壁面的 u 速度动量方程

方程与控制容积南侧面(壁面)的联系切断，即 $a_S=0$. 因壁面剪力 F_S 的计算公式如式(8-13)所示，所以 u 速度动量方程的源项为

$$S_P=-\frac{\rho C_\mu^{\frac{1}{4}} k_P^{\frac{1}{2}} A_{Cw}}{u^+} \tag{8-19}$$

2. 紊动能 k 方程

首先置 $a_S=0$，式(8-14)表示的单位体积源项的第 2 项中有 $k_P^{\frac{3}{2}}$，将其线性化为 $(k_P^*)^{\frac{1}{2}} k_P$，其中 k_P^* 作为前次迭代或初始设置的已知 k 值. 从而 k 方程的源项为

$$S_P=-\frac{\rho C_\mu^{\frac{3}{4}}(k_P^*)^{\frac{1}{2}} u^+ \Delta V}{\Delta y_P}, \quad S_u=\frac{\tau_w u_P \Delta V}{\Delta y_P} \tag{8-20}$$

3. 紊动耗散率 ε 方程

按式(8-15)给出近壁节点 P 处 ε 的固定值 ε_P. 因此设置 ε 方程的源项为

$$S_P=-\frac{\rho C_\mu^{\frac{1}{4}} k_P^{\frac{1}{2}} C_P A_{Cw}}{T^+}, \quad S_u=\frac{\rho C_\mu^{\frac{1}{4}} k_P^{\frac{1}{2}} C_P A_{Cw} T_w}{T^+} \tag{8-21}$$

若壁面热流 q_w 为一定值，则

$$q_w=S_u+S_P T_P \tag{8-22}$$

绝热边界：

$$S_u=S_P=0$$

三、移动壁面边界

前面的讨论是立足于壁面固定不动的情况，如果壁面以 $u=u_{\text{wall}}$ 速度移动，则壁面剪力公式中 u_P 要用 u_P-u_{wall} 代替. 层流时剪力公式(8-7)变为

$$F_s=-\tau_w A_{Cw}=-\mu\frac{u_P-u_{\text{wall}}}{\Delta y_P}A_{Cw} \tag{8-23}$$

从而，u 动量方程的源项为

$$S_P=-\frac{\mu}{\Delta y_P}A_{Cw}, \quad S_u=\frac{\mu}{\Delta y_P}A_{Cw} u_{\text{wall}} \tag{8-24}$$

紊流时壁面剪力公式(8-13)变为

$$F_s=-\left[\rho C_\mu^{\frac{1}{4}} k_P^{\frac{1}{2}}\frac{(u_P-u_{\text{wall}})}{u^+}\right]A_{Cw} \tag{8-25}$$

u 动量方程的源项为

$$S_P = -\frac{\rho C_\mu^{\frac{1}{4}} k_P^{\frac{1}{2}}}{u^+} A_{Cw}, \quad S_u = \frac{\rho C_\mu^{\frac{1}{4}} k_P^{\frac{1}{2}}}{u^+} A_{Cw} u_{\text{wall}} \quad (8-26)$$

移动壁面也将影响紊动能 k 方程的源项,式(8-14)变为

$$\text{单位体积 } k \text{ 方程源项} = \frac{[\tau_w(u_P - u_{\text{wall}}) - \rho C_\mu^{\frac{3}{4}} k_P^{\frac{3}{2}} u^+]\Delta V}{\Delta y_P} \quad (8-27)$$

相应 k 方程源项改为

$$S_P = -\frac{\rho C_\mu^{\frac{3}{4}}(k_P^*)^{\frac{1}{2}} u^+ \Delta V}{\Delta y_P}, \quad S_u = \frac{\tau_w(u_P - u_{\text{wall}})\Delta V}{\Delta y_P} \quad (8-28)$$

必须指出,壁面函数的应用是有一定条件的,它们是:
(1) 流体流动速度平行于壁面,速度的变化只能发生在垂直于壁面方向.
(2) 流动方向上无压力梯度.
(3) 壁面上的流动无化学反应.
(4) 流动为高雷诺数流动.

§8-4 压力边界条件和对称边界条件

一、常压边界条件处理

常压边界条件一般用于流动速度分布不能确定地知道压力值为已知的边界.典型的常压边界条件有绕固体的外流、自由表面流、浮升力驱动流(自然通风)和多出口内流.

在固定压力边界处,压力修正是不必要的.入口和出口常压边界条件的网格布置如图 8-16 和图 8-17 所示.最常见的处理常压边界条件的方法是在物理边界内侧的一排节点处给定压力值,如图 8-16 和图 8-17 中的黑点.这些点处给定压力值 P_{fix},并且使压力修正方程在此处 $S_u = 0, S_P = -10^{30}$,u 动量方程从 $i=3$ 开始求解,v 动量方程和其他场变量方程从 $I=2$ 开始求解.这种边界条件的一个特殊的问题是边界内侧的流体流动方向未知,它由区域内流动条件所决定,即区域内流动满足连续性方程.如图 8-17 所示,u_e、u_n 和 u_s 由区域内求解 u 动量方程和 v 动量方程得到,为保证 p' 控制容积流量守恒,可计算出

$$u_w = \frac{(\rho vA)_n - (\rho vA)_s + (\rho uA)_e}{(\rho A)_w}$$

这使得最接近常压边界的控制容积像一个源(或汇)发出(或吸收)质量.具体的程序处理方法很多,有些程序要求入口边界给定 $i=2$ 处的固定压力值,或出口边界采用外插求出其出口处流速 u.

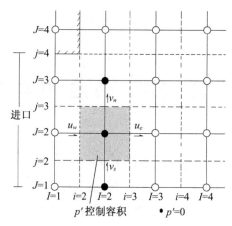

图 8-16 常压入口边界控制容积

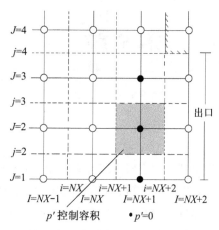

图 8-17 常压出口边界控制容积

二、对称边界条件

对称边界意味着没有流量或其他场变量穿过此边界,或者说流入和流出此边界的场变量值相等. 具体处理边界值时一般是令垂直于对称边界的流速为零. 所有其他变量值在 $I=1$ 或 $i=1$ 处的值与 $I=2$ 或 $i=2$ 处的值相等,即

$$\varphi_{1,J} = \varphi_{2,J}$$

对压力修正方程则是使对称面一侧的控制容积积分系数设为零来处理.

小 结

(1) 边界条件对有限体积法的计算结果有非常重要的影响. 通常边界条件问题包括边界条件的类型、边界条件的位置、边界条件与离散网格的相互关系以及边界条件与离散方程守恒性之间的关系等.

(2) 流体流动和传热问题的边界条件类型主要有入口边界条件、出口边界条件、固体壁面边界条件、压力边界条件、对称边界条件等.

(3) 边界条件位置选取中特别应注意的是出口边界条件、对称边界条件的位置,应根据流动特性仔细选择.

(4) 边界条件与离散网格的关系主要考虑计算方便和计算误差小. 这需要在划分离散网格时特别注意边界处节点的布置.

(5) 边界条件的引入不能影响离散方程的守恒特性. 如压力边界条件和流量边界条件的进出口值应保证流场内通量的守恒.

第 9 章 FLUENT 的应用举例

FLUENT 是通用 CFD 软件包,用来模拟从不可压缩到高度可压缩范围内的复杂流动,FLUENT 的核心算法就是有限体积法.FLUENT 包括三个基本环节:前处理、求解和后处理,与之对应的程序模块常简称为前处理器、求解器、后处理器.前处理器完成的工作是创建所求问题的几何物理模型(求解域);将求解域划分成多个互不重叠的子区域,形成由单元组成的网格;为求解域边界处的单元指定边界条件.FLUENT 求解器通过有限体积法将求解问题的控制方程离散成代数方程组并求解代数方程组.后处理器的作用是有效地分析计算结果,并将计算结果图形化呈现.本章通过二维室内机械通风、二维室内自然通风、通风房间空气龄的计算、室内热舒适 PMV 和 PPD 计算以及室内颗粒物运动计算五个算例说明 FLUENT 的应用.

§9-1 二维室内机械通风

问题描述:房间长 6 m,高 3 m,风口上送上回,两风口距侧墙 1.5 m,风口宽 0.2 m.模拟室内风场.房间尺寸如图 9-1 所示.

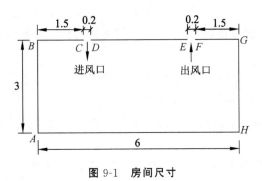

图 9-1 房间尺寸

一、前处理

前处理分为四个步骤:第一步是建立文件夹以存放算例中建立的所有文件;第二步是建立几何物理模型(作二维房间图);第三步为几何物理模型划分网格;最后定义边界条件.

1. 建立文件夹

先在桌面上创建 solidmoving 文件夹,如图 9-2 所示.再运行 Gambit 软件,将工作路径改为桌面上的 solidmoving 文件夹,如图 9-3 所示.最后点击图 9-3 中的"Run"按钮,启动

Gambit 作图窗口.

图 9-2 创建文件夹

图 9-3 运行 Gambit

2. 作二维房间图

本算例按点、线、面的作图顺序建立二维房间图.画点是通过直接输入点的坐标实现的.连接相关点,即可得到线.线再组成面,完成二维房间图.下面给出详细的作图过程.

（1）画点

图 9-1 中点 $A \sim H$ 的坐标分别为:$A(0,0)$、$B(0,3)$、$C(1.5,3)$、$D(1.7,3)$、$E(4.3,3)$、$F(4.5,3)$、$G(6,3)$、$H(6,0)$.按图 9-4 所示,Operation、Geometry、Vertex 下的选择如图中圆圈所示,弹出"Create Real Vertex"窗口后在"Local"下输入点的坐标,在"Label"后输入 A,再点击"Apply"按钮,可作出 A 点.其余各点的作法雷同.上述点 $A \sim H$ 画好后,点击 按钮,将所画的 8 个点在图形窗口中较好地显示.图 9-4 的 Label 后也可不输入 A、B、C……,在下面画线时能见到 Gambit 给出的对应点的编号.

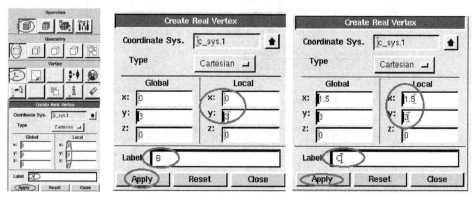

图 9-4 画点

（2）画线

本算例共有 AB、BC、CD、DE、EF、FG、GH 和 HA 8 条线段,出风口和进风口在图 9-1 中虽是敞开的,但也应将点 C、点 D 连接成线 CD,将点 E、点 F 连接成线 EF.图 9-5 以线 AB、BC 为例说明由点连成线的过程,Geometry 和 Edge 下的选择如图中圆圈所示.按图 9-5 上的圆圈顺序点击相应的按钮,可完成画线的过程.所有的线作好后,点击"Create Straight Edge"窗口中的"Close"按钮.在图 9-5 的"Label"后也可不输入字母,后期画面时 Gambit 自动给出对应线的编号.

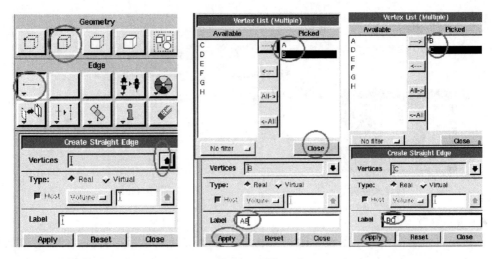

图 9-5　画线

(3) 画面

面由线围成,且面是封闭的.这就是要求出风口和进风口也要作线的原因.Geometry 和 Face 下的选择如图中圆圈所示.按图 9-6 上的圆圈顺序点击相应的按钮,可完成画面的过程.面画好后,最后点击"Create Face from Wireframe"窗口中的"Close"按钮.

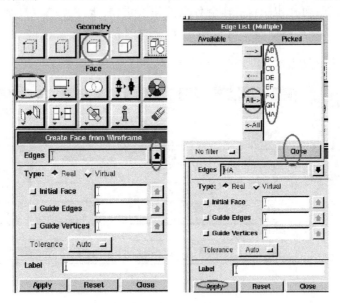

图 9-6　画面

3. 划分网格

本算例将第二步所画的二维通风房间划分为边长 0.02m 的正方形均匀网格.为简化操作,直接对面进行网格划分:Operation、Mesh、Face 下的选择,可依次点击图 9-7 所示的圆圈,接着选择所划网格的面,再输入网格大小,最后点击"Apply"和"Close"按钮,具体过程见图 9-7.

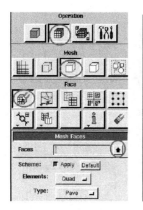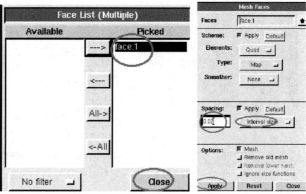

图 9-7　划网格

4. 定义边界条件

定义边界条件是要说明求解域周界的条件属性.本算例 CD、EF 分别为空气的进口和出口,其余周界是固体壁面.Gambit 中缺省的边界条件是固体壁面,故对固体壁面条件可不加说明,需要说明的是进口和出口边界条件.本算例进口边界为速度进口,出口边界为自由出流,表示出口处的空气流动充分发展,对室内空气流动没有影响.在 FLUENT 中可以修改边界条件属性.

为了清晰地显示边界,在定义边界条件前可按图 9-8 所示过程将已划分的网格隐去.

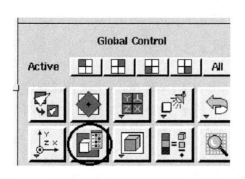

图 9-8　隐去网格

定义进风口和出风口时先是点击相关的命令按钮,打开"Specify Boundary Types"窗口.接着在"Specify Boundary Types"窗口的"Name"后输入边界名称,比如进风口,命名为 inlet.随后说明边界类型,点击"WALL"按钮,选择"VELOCITY_INLET".接着选择进风口所在的线 CD,最后点击"Apply"按钮.将出风口命名为"outlet",边界类型设为"OUT-FLOW".进风口和出风口都定义好后最后点击"Close"按钮.进风口和出风口定义的具体过程见图 9-9.

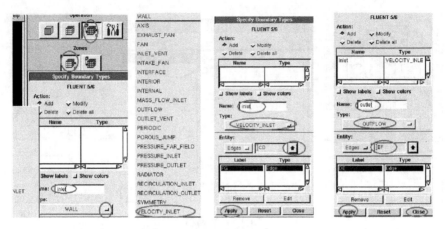

图 9-9 定义进风口和出风口

5. 保存并输出网格

完成边界条件定义后,需要保存和输出网格,本算例文件命名为 2DVentilationByPower. 从"File"菜单中选择"Save As",在 Save Session As 窗口中输入"2DVentilationByPower",点击"Accept"按钮.

要输出网格,选择"File"→"Export"→"Mesh",注意选中"Export 2-D(x-y)Mesh",点击"Accept"按钮,如图 9-10 所示. 最后关闭 Gambit 及 Exceed 窗口.

图 9-10 输出网格

二、FLUENT 求解

FLUENT 求解过程分为导入网格、定义模型、求解设置、求解及保存结果四部分. 其中定义模型是根据算例流动的特性如稳态与非稳态、理想流体与粘性流体、层流与湍流等进行选择的,求解设置是选择要求解的方程及求解控制参数.

1. 导入网格

先启动 FLUENT,选择"2d",在图 9-11 中点击"Run"按钮. 再依次选择菜单"File"→"Read"→"Case",如图 9-12 所示,找到 2DVentilationByPower.msh,点击"OK"按钮. 最后依次选择菜单"Grid"→"Check",检查网格,确保不出现负体积网格.

图 9-11 启动 Fluent

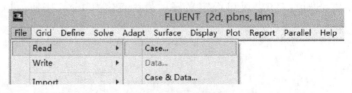

图 9-12 读入网格

2. 定义模型

定义模型又分为模型选择、定义材料和定义边界条件.

(1) 模型选择

本算例涉及稳态与非稳态模型、湍流模型选择.

稳态与非稳态模型:依次选择菜单"Define"→"Models"→"Solver". 稳态模型是被默认的,本算例属稳态计算,故取默认选项,直接点击图9-13中的"OK"按钮.

湍流模型:本算例的空气是粘性流体,且是湍流. 依次选择菜单"Define"→"Models"→"Viscous",打开"Viscous Model"对话框,选择"k-epsilon [2 eqn]",其余保持默认值,点击图9-14中的"OK"按钮.

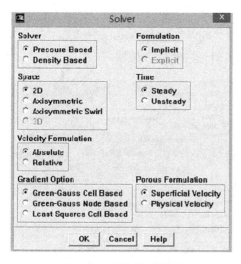

图9-13　定义稳态模型　　　　图9-14　定义湍流模型

(2) 定义材料

FLUENT中缺省的材料就是空气,依次选择菜单"Define"→"Materials",在"Materials"窗口中再点击"Close",取缺省值.

(3) 定义边界条件

定义边界条件是对边界条件进行具体说明,先依次选择菜单"Define"→"Boundary Conditions",在"Boundary Conditions"对话框中选择进风口"inlet",再点击"Set"按钮,输入进风口速度大小4m/s,如图9-15所示. 出风口类型OUT-

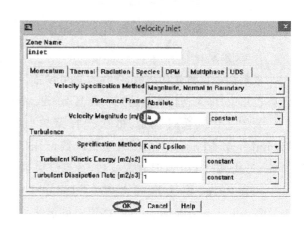

图9-15　输入进风口速度

FLOW,不需要具体设置参数. 也可以在此操作步骤中修改Gambit定义的边界类型.

3. 求解设置

求解设置涉及求解方程及离散格式的选择、初始化设置和迭代收敛控制设置等.

（1）求解方程及离散格式选择

本书前面所讲的有限体积法的各种离散格式及压力—速度耦合 SIMPLE 算法在此选择中体现．根据上述定义的模型，本算例需求解流动和湍流方程，依次选择菜单"Solve"→"Controls"→"Solution"，在"Solution Controls"窗口中点击"Close"，取缺省值．

（2）初始化设置

FLUENT 对方程组的求解采用迭代法，迭代法求解时需要知道求解变量的初始值，因此必须进行初始化设置．稳态问题中，初始化设置不影响最终计算结果，但影响收敛速度．依次选择菜单"Solve"→"Initialize"→"Initialize"，按图 9-16 先选择"Compute From"下的"all-Zones"，再依次点击"Init""Apply""Close"按钮．

（3）迭代收敛控制设置

此设置用于计算精度的控制．依次选择菜单"Solve"→"Monitors"→"Residual"，按图 9-17 所示勾选"Print"和"Plot"复选框，其余用缺省值，点击"OK"按钮．

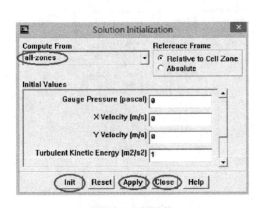

图 9-16 初始化

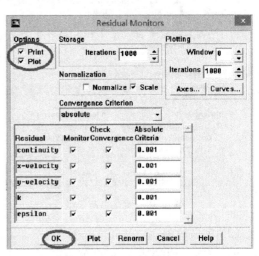

图 9-17 设置残差

4．求解及保存文件

求解前需设置迭代次数，迭代次数可设置得大一些，迭代收敛时，未达到设置的迭代次数，计算也结束．如果迭代次数达到设置值而未收敛时，还需再次设置迭代次数，继续迭代计算．

设置迭代次数过程是：依次选择菜单"Solve"→"Iterate"，打开"Iterate"对话框，在"Number of Iterations"后输入迭代次数，点击"Iterate"按钮，如图 9-18 所示．随后迭代计算开始，迭代到第 124 次时收敛成功，计算结束，如图 9-19 所示．此时可关闭"Iterate"对话框．

保存文件：依次选择菜单"File"→"Write"→"Case ＆ Data"，文件名设置为"2DVentilationByPower.cas"，将原有同名文件覆盖．

第 9 章　FLUENT 的应用举例

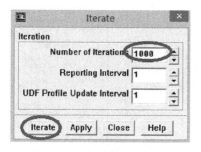

图 9-18　设置迭代次数

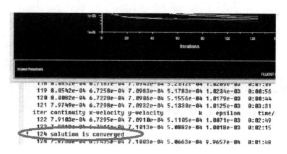

图 9-19　迭代收敛

三、后处理

后处理是计算结果的处理与显示过程，FLUENT 有功能较强大的后处理器，也可用第三方图形软件处理 FLUENT 计算结果．本算例用 FLUENT 后处理器显示室内空气速度云图．先点击菜单"Display"→"Contours"，打开"Contours"对话框．在"Options"下勾选"Filled"，在"Contours of"下拉菜单中选择"Velocity"和"Velocity Magnitude"，点击"Compute"按钮，计算出最小与最大速度，如图 9-20 所示，再点击"Display"按钮，得到速度云图，可截屏保存图形．

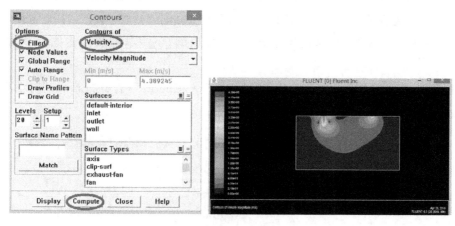

图 9-20　速度云图

§9-2　二维室内自然通风

§9-1 中二维室内空气流动是靠机械提供作用力的，故在进风口设置固定风速．本节室内空气流动是靠热压的作用，属自然通风．因此，本算例要涉及能量方程．此外，本算例还介绍如何用后处理计算通风量．

问题描述：一大空间长 10 m、高 20 m，室内正中有一长 2 m、高 1 m、温度 100 ℃的工作台面，门 2 m 高，天窗 1 m，位置如图 9-21 所示，室外气温 15 ℃．试分析室内空气速度分布特性．

一、前处理

前处理几何模型的建立过程与§9-1中的算例雷同,不再重复.本算例网格大小取0.1,共生成19 800个网格.门定义为压力进口,天窗定义为压力出口,工作台面为固体壁面.

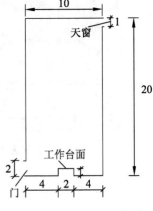

图 9-21 大空间示意图

二、FLUENT 计算

本算例FLUENT求解过程仍分为导入网格、定义模型、求解设置、求解及保存结果四部分.

1. 导入网格

导入网格过程与§9-1中导入网格过程完全相同,不再重复.

2. 定义模型

定义模型分为模型选择、定义材料、定义操作条件和定义边界条件.

(1) 模型选择

本算例涉及的模型选择有稳态与非稳态模型、能量方程、湍流模型.

稳态与非稳态模型:依次选择菜单"Define"→"Models"→"Solver",打开"Solver"对话框.稳态模型是被默认的,本算例属稳态计算,故取默认选项,直接点击图9-13的"OK"按钮.

能量方程:依次选择菜单"Define"→"Models"→"Energy",打开"Energy"对话框,选中"Energy Equation"复选框,如图9-22所示.

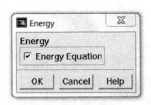

图 9-22 "Energy"对话框

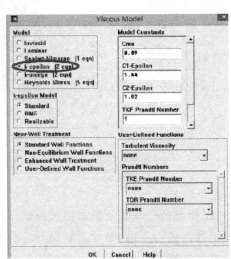

图 9-23 "Viscous Model"对话框

湍流模型:依次选择菜单"Define"→"Models"→"Viscous",打开"Viscous Model"对话框,在"Model"选项中选择"k-epsilon [2 eqn]",其余保持默认值,如图9-23所示,点击"OK"

按钮.

(2) 定义材料

本算例中要考虑热压,故对空气的密度及热膨胀系数要进行设置,先依次选择菜单"Define"→"Materials",在打开的"Materials"对话框的"Density"下拉框中选择"boussinesq",输入"1.225",如图 9-24 所示.随后滚动 Properties 中的滚动条,在"Thermal Expansion Coefficient"中输入"0.00347",接着点击"Change/Create"按钮,最后点击"Close"按钮,如图 9-25 所示.

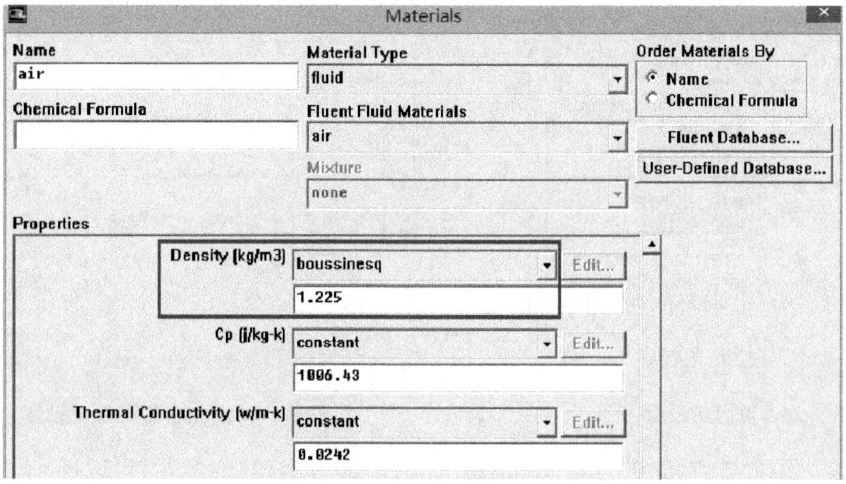

图 9-24 boussinesq 设置

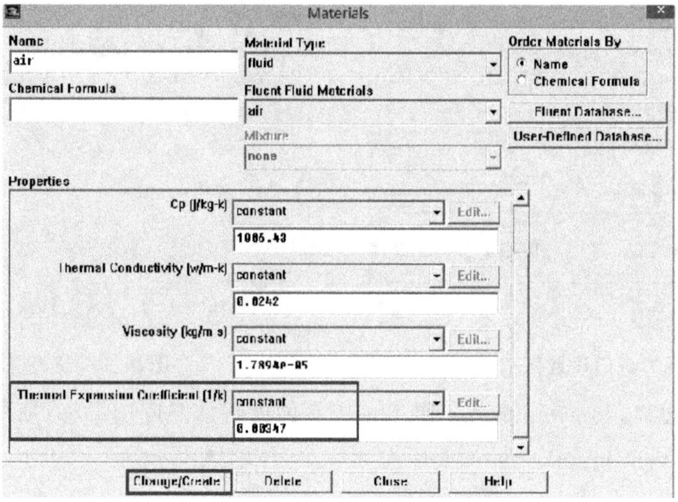

图 9-25 热膨胀系数设置

(3) 定义操作条件

目的是定义重力加速度.先依次选择菜单"Define"→"Operating Conditions",打开"Operating Conditions"对话框,选中"Gravity",在"Gravity"下 Y 后面的数值框中输入"-9.8",最后点击"OK"按钮,如图 9-26 所示.

(4) 定义边界条件

本算例中工作台面是固体壁面,需要设置其温度.先依次选择菜单"Define"→"Boundary Conditions",在"Boundary Conditions"对话框中选择"desk",再点击"Set"按钮,打开"Wall"对话框.在"Wall"对话框中点击"Thermal"选项卡,将工作台面的温度设为373K,如图9-27所示,最后点击"OK"按钮,完成工作台面温度的设置.

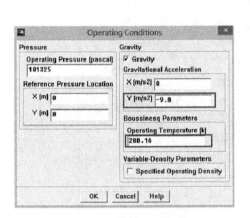

图 9-26 重力场设置

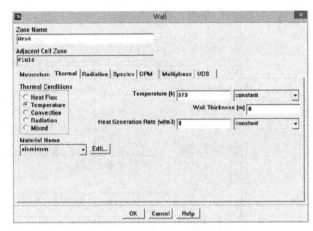

图 9-27 工作台面的温度设置

将门设为压力进口,先进行其 Momentum 的设置,如图9-28所示;再进行 Thermal 的设置,如图9-29所示.

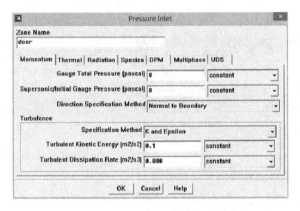

图 9-28 压力进口设置(1)　　　　　　　图 9-29 压力进口设置(2)

天窗是压力出口,其 Momentum 和 Thermal 的设置情况同门一样.所有的设置完成后,保存 case 文件为 ventilation.cas.

3. 求解设置

(1) 求解方程及离散格式选择

根据上述定义的模型,本算例需求解流动、湍流方程和能量方程,依次选择菜单"Solve"→"Controls"→"Solution",打开"Solution Controls"对话框,在"Equations"下可见"Energy"被选中,说明能量方程是要被求解的,而§9-1算例中该窗口没有 Energy 方程.点击"Solution Controls"对话框中的"Close"按钮,取缺省值.

(2) 初始化设置

依次选择菜单"Solve"→"Initialize"→"Initialize",按图 9-30 先选择"Compute From",再依次点击"Init""Apply""Close"按钮。

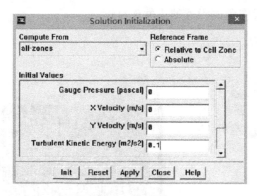

图 9-30　初始化

(3) 迭代收敛控制设置

依次选择菜单"Solve"→"Monitors"→"Residual",打开"Residual Monitors"对话框,按图 9-31 勾选"Print"和"Plot"复选框,其余用缺省值,点击"OK"按钮。

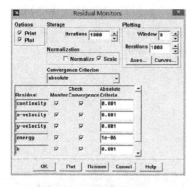 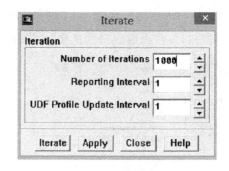

图 9-31　设置残差　　　　　图 9-32　设置迭代次数

4. 求解及保存文件

本算例设置迭代次数过程:依次选择菜单"Solve"→"Iterate",按图 9-32 所示在迭代次数后输入一较大数值,随后点击"Iterate"按钮。迭代计算开始,收敛成功时计算结束,关闭"Iterate"对话框。

保存文件:点击菜单"File"→"Write"→"Case & Data",文件名设为"ventilation.cas",将原有同名文件覆盖。

三、后处理

本算例后处理介绍查看速度矢量图、改变显示数值范围和计算通风量的过程。

1. 查看速度矢量图

依次选择菜单"Display"→"Vectors",打开"Vectors"对话框,如图 9-33 所示,在"Vectors of"下选择"Velocity",在"Color by"下选择"Velocity"和"Velocity Magnitude".先点击"Compute"按钮,再点击"Display"按钮,可见整个室内空气流动的速度矢量图.若要查看工作台面附近的速度矢量,可按住鼠标中间滚动轮,在工作台面附近拖动鼠标,实现矢量图的局部放大,图 9-34 就是工作台面附近的速度矢量图.

图 9-33　Vectors 窗口

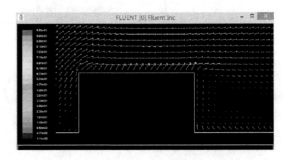

图 9-34　工作台面附近的速度矢量图

2. 改变显示数值范围

在"Vectors"对话框中,"Options"下的"Auto Range"不勾选,在"Min"和"Max"下的窗口中分别输入"0""0.5",如图 9-35 所示,表示显示速度大小的范围是 $0\sim0.5$ m/s. 点击"Display"按钮,工作台面附近的速度矢量图的颜色将变化,如图 9-36 所示.

图 9-35　Vectors 窗口(改变速度显示范围)

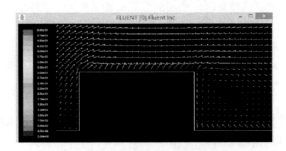

图 9-36　工作台面附近速度矢量变色

3. 计算通风量

由于空气进口门及出口天窗处的速度都是未知量,室内的通风量不能直接获得.用 FLUENT 后处理面积分可以完成通风量的计算.方法是:依次选择菜单"Report"→"Surface Integrals",打开"Surface Integrals"对话框,在"Report Type"下选择"Volume Flow Rate",在"Surfaces"中选择"door",点击"Compute"按钮,即可得出体积流量,即通风量,如图 9-37 所示.

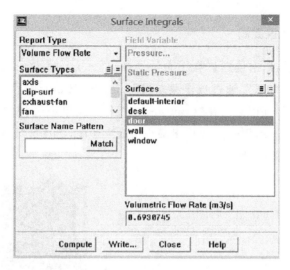

图 9-37 通风量的计算

§9-3 通风房间空气龄的计算

本算例在§9-2算例流场计算的基础上进行室内空气龄的计算.空气龄是指空气进入房间的时间.在送风为全新风时,某点的空气龄越小,说明该点的空气越新鲜,空气品质越好.空气龄还反映了房间排除污染物的能力,平均空气龄小的房间,去除污染物能力越强.因此空气龄被作为衡量通风空调房间空气新鲜程度与换气能力的重要指标而得到广泛的应用.空气龄的数值计算是根据示踪气体的质量守恒方程,推导出空气龄 τ 的输运方程:

$$\frac{\partial u\tau}{\partial x}+\frac{\partial v\tau}{\partial y}+\frac{\partial w\tau}{\partial z}=\frac{\partial}{\partial x}\left(\Gamma\frac{\partial \tau}{\partial x}\right)+\frac{\partial}{\partial y}\left(\Gamma\frac{\partial \tau}{\partial y}\right)+\frac{\partial}{\partial z}\left(\Gamma\frac{\partial \tau}{\partial z}\right)+1 \tag{9-1}$$

FLUENT自身是没有式(9-1)的.要求解式(9-1),就必须先定义式(9-1),这就涉及FLUENT中用户自定义标量(UDS)的内容.式(9-1)中的 Γ 是空气龄扩散系数,需要定义说明其值大小,所以这儿又涉及到FLUENT中用户自定义函数(UDF)的应用.

空气龄的模拟过程:先定义空气龄扩散系数UDF文件,FLUENT导入已算好的速度场,接着编译UDF文件,设置UDS,随后求解UDS,最后显示UDS的分布,即空气龄的分布.

一、定义空气龄扩散系数

可用写字板将下列语句保存在 air_age.c 文件中,该文件与§9-2算例的 ventilation.case 文件在同一路径下. air_age.c 文件定义了空气龄输运方程中的扩散系数.

```
//////air_age.c////////
#include"udf.h"
#include"prop.h"
DEFINE_DIFFUSIVITY(air_age_diff,c,t,i)
{ return C_R(c,t) * 2.88e-5+C_MU_EFF(c,t)/0.7; }
```

二、FLUENT 导入速度场

启动 FLUENT 后，依次选择菜单"File"→"Read"→"Case&Data"，如图 9-38 所示．找到"ventilation.cas"，点击"OK"．通过点击菜单"Display"→"Contours"，打开"Contours"对话框，在"Options"下勾选"Filled"，在"Contours of"下拉菜单中选择"Velocity"和"Velocity Magnitude"，点击"Compute"按钮，计算出最小与最大速度，再点击"Display"按钮，得到上个算例的速度云图，如图 9-39 所示．

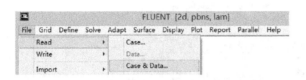

图 9-38 读取 case

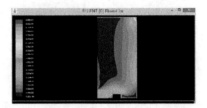

图 9-39 速度云图

三、编译 UDF 文件

依次选择菜单"Define"→"User-Defined"→"Functions"→"Interpreted"，打开如图 9-40 所示的编译对话框．点击"Browse"按钮，找到 air_age.c 文件，点击"Interpret"按钮．如果 air_age.c 文件有错误，FLUENT 控制面板上将显示错误，修改 air_age.c 文件的错误，直到编译成功，没有错误为止．

图 9-40 编译窗口

四、设置 UDS

设置 UDS 包括定义 UDS、设置 UDS 的扩散系数（即空气龄扩散系数 Γ）和设置源项．

1. 定义 UDS

依次选择菜单"Define"→"User Defined"→"Scalars"，将图 9-41 中的"User-Defined Scalars"的数量改为"1"．在图 9-42 中点击"OK"按钮，取缺省值设置 UDS 标量参数．出现图 9-43，点击"OK"按钮．

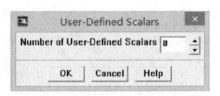

图 9-41 "User-Defined Scalars"窗口

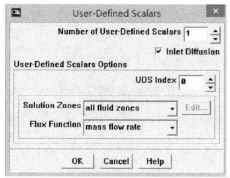
图 9-42 设置 UDS 标量参数

图 9-43 "Information"窗口

2. 设置 UDS 扩散系数

依次选择菜单"Define"→"Materials",打开"Materials"对话框,将图 9-44 中"UDS diffusivity"改为"user-defined",点击"Edit"按钮,打开"User-Defined Function"对话框,选择 UDF 中定义的"air_age_diff",点击"User-Defined Function"对话框中的"OK"按钮. 再点击"Materials"对话框中的"Change/Create"按钮,即完成 UDS 扩散系数的设置.

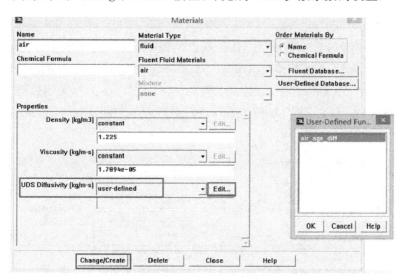
图 9-44 设置空气龄扩散系数

3. 设置源项

式(9-1)最后一项 1 是源项,其设置方法为:依次选择菜单"Define"→"Boundary Conditions"→"Fluid",打开"Fluid"对话框,勾选"Source Terms",点击"Source Terms"选项卡,在"User Scalar 0"后点击"Edit"按钮,如图 9-45 所示. 再将图 9-46 中的数值改为 1,最后在图 9-47中点击"OK"按钮,即完成源项 1 的设置.

图 9-46 源项窗口(一)

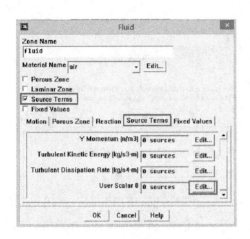

图 9-45 设置源项

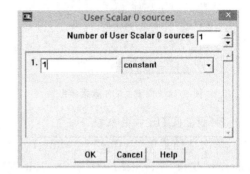

图 9-47 源项窗口(二)

五、求解 UDS

由于流场已计算好,且本算例的 UDS 不影响流场,故此处不需再计算流场,只求解 UDS 方程.方法是:依次选择菜单"Solve"→"Controls"→"Equations",打开"Solution Controls"对话框,点击"Equations"下的"Flow""Turbulence""Energy",关闭这些方程,使其未被选中.只选择"User Scalar 0",如图 9-48 所示.最后点击"Solution Controls"对话框中的"OK"按钮.

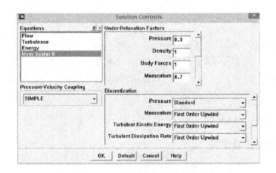

图 9-48 所解方程的选择

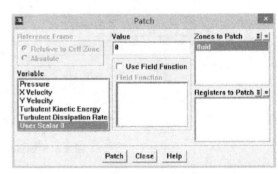

图 9-49 初始化

求解 UDS 方程前,需对 User Scalar 0 进行初始化.依次选择菜单"Solve"→"Initialize"→"Patch",打开"Patch"对话框,在"Variable"下选择"User Scalar 0",在"Value"下面的框中输入 0,如图 9-49 所示,再点击"Patch"按钮.

设定迭代步数后,求解及保存文件.

六、后处理

依次选择菜单"Display"→"Contours",打开"Contours"对话框.在"Options"下勾选

Filled,在图 9-50 的"Contours of"下拉菜单中选择"User Defined Scalars…",在其下面选择"User Scalar 0",得出 User Scalar 0(即空气龄)的分布云图,如图 9-51 所示.

图 9-50 云图选择

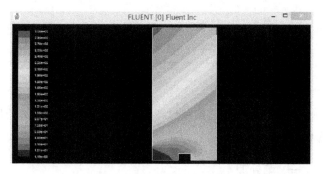

图 9-51 空气龄云图

§9-4 室内热舒适 PMV 和 PPD 的计算

PMV(Predicted Mean Vote)预测平均投票数,是丹麦的 P. O. Fanger 教授提出的表征人体热反应(冷热感)的评价指标,见式(9-2). PMV 代表了同一环境中大多数人的冷热感觉的平均,有七级感觉,即冷(-3)、凉(-2)、稍凉(-1)、中性(0)、稍暖(1)、暖(2)、热(3). PMV 指标代表了同一环境下绝大多数人的热感觉,但人与人之间存在生理差别,PMV 指标并不一定能够代表所有人的感觉. 因此 Fanger 又提出了预测不满意百分比 PPD 指标来表示人群对热环境不满意的百分数,并用概率分析方法,给出了 PMV 与 PPD 之间的定量关系,见式(9-3).

$$\begin{aligned} \text{PMW} &= [0.303\exp(-0.036M)+0.0275]S \\ S &= (M-W)-1.73\times10^{-2}M(5.867-P_V)-0.0014M(34-t_{air}) \\ &\quad -3.05[5.733-0.007(M-W)-P_V]-0.42(M-W-58.2) \\ &\quad -f_{cl}h_c(t_{cl}-t_{air})-3.96\times10^{-8}f_{cl}[(t_{cl}+273)^4-(t_r+273)^4] \end{aligned} \tag{9-2}$$

$$\text{PPD}=100-95\exp[-(0.033\,53\text{PMV}^4+0.217\,9\text{PMV}^2)] \tag{9-3}$$

式中,M 是人体新陈代谢率,W 是人体所做机械功,P_V、t_{air} 分别是空气中水蒸气分压力与空气温度,t_{cl}、t_r 分别是服装外表面温度和平均辐射温度,f_{cl} 是人体服装面积系数,h_c 是对流换热系数.

PMV 的计算涉及到室内温度场和速度场,需用 UDS 表示 PMV,PPD 用后处理器可计算.本节通过实例说明用 FLUENT 软件计算室内热舒适 PMV 和 PPD 的过程.

房间长 20 m,高 3 m,房间内有 2 个工作台面,在图中所示为 AC 和 EG,4 个热壁面为 AB、CD、EF、GH. 工作台长 2 m,高 0.8 m,离墙 5 m. 房间顶部中心位置为空气进口,尺寸 0.2 m,侧墙上有一尺寸 0.2 m 的出风口,出风口距地面 0.3 m. 热壁面温度 45 ℃,工作台释放 20 ℃的饱和空气(水蒸气质量百分比为 0.014 48),质量流量为 0.038 4 kg/s,质量流量

0.18 kg/s,温度 20 ℃,相对湿度 48%(质量百分比为 0.006 921)的空气从进口处进入室内,在出口处自由出流.计算室内热舒适 PMV 和 PPD.

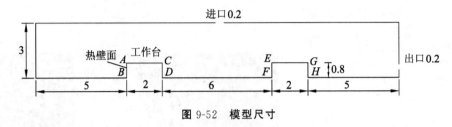

图 9-52　模型尺寸

PMV 和 PPD 的模拟过程:先是前处理,接着导入 FLUENT 计算,最后用后处理显示计算结果.

一、前处理

利用 Gambit 建立几何物理模型及边界类型定义,进口和工作台面定义为质量流量进口 Mass flow inlet,出口为自由出流 Outflow,热壁面为固体壁面 Wall,生成 room-pmv.msh 网格文件.

二、导入 FLUENT 计算

导入 FLUENT 计算分为读入并检查网格、定义模型、求解设置、求解及保存结果四部分.

1. 读入并检查网格

启动 FLUENT 的 2D 求解器.依次选择"File"→"Read"→"Case…"命令,在弹出的"Select File"对话框中选择"room-pmv.msh"文件,将其导入 FLUENT 中.

检查网格,依次执行"Mesh"→"Check"命令,可以看到计算域坐标的上下限,并检查最小体积和最小面积是否为负数.

2. 定义模型

定义模型分为模型选择、定义材料和定义边界条件.

(1) 模型选择

本算例涉及稳态与非稳态模型、能量方程、湍流模型、组分输运模型、UDF 和 UDS 模型的选择.

稳态与非稳态模型:依次选择菜单"Define"→"Models"→"Solver…",打开"Solver"对话框,单击"OK"按钮,取缺省值稳态计算,如图 9-53 所示.

能量方程:依次选择菜单"Define"→"Models"→"Energy",打开"Energy"对话框,勾选"Energy Equation"复选框,如图 9-54 所示.

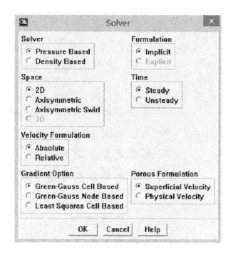

图 9-53　求解器对话框

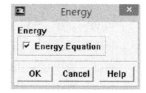

图 9-54　"Energy"对话框

湍流模型：依次选择菜单"Define"→"Models"→"Viscous"，打开"Viscous Model"对话框，在"Model"选项中选择"k-epsilon"，保留其他默认设置，如图 9-55 所示，点击"OK"按钮．

组分输运模型：依次选择菜单"Define"→"Models"→"Species"→"Transport & Reaction"，按图 9-56 所示选择"Species Transport"．

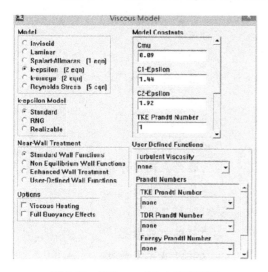

图 9-55　"Viscous Model"对话框

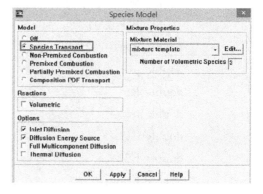

图 9-56　组分模型

UDF 和 UDS：可用写字板将下列文件保存为 PMV-PPD.c 文件，该文件与相关的 case、data 文件在同一路径下．

/////////PMV－PPD.c////////////

\#include "udf.h"

enum

｛pmv｝；

DEFINE_ADJUST(mypmv,domain)

```
{ Thread *t;
  cell_t c;
  thread_loop_c(t,domain)
  { begin_c_loop(c,t)
    { double tair=C_T(c,t)-273.15;           //计算单元的温度改为摄氏度
      double speed_u=C_U(c,t);               //计算单元 x 方向的速度
      double speed_v=C_V(c,t);               //计算单元 y 方向的速度
      double mh2o=C_YI(c,t,0);               //计算单元中水蒸气质量百分数
      double clo=0.155;
      double Icl=1*clo;                      //成套服装热阻
      double fcl;                            //人体服装面积系数(着装后实际表面
                                               积与人体裸身表面积之比)
      double tcl;                            //服装外表面温度
      double tcl1;
      double tcl2;
      double temperary1;
      double temperary2;
      double hc;                             //对流换热系数
      double tr=tair;                        //辐射温度
      double M=58.0;                         //新陈代谢率
      double W=0.0;                          //做功量
      double B=101325;                       ///大气压
      double pv;                             //水蒸气分压力
      double R;                              //人体外表面与外界的辐射换热量 R
      double tsk;                            //人体平均皮肤温度
      double C;                              //对流换热量
      double Edif;                           //皮肤湿扩散散热
      double Ersw;                           //皮肤汗液蒸发散热
      double Eres;                           //呼吸潜热散热
      double Cres;                           //呼吸显热散热
      double TL;
      double pmv0;
      double speed=pow((pow(speed_u,2.0)+pow(speed_v,2.0)),0.5);
                                             //速度大小
      pv=mh2o*461/287/(1+mh2o*461/287*0.378)*B;
      fcl=1.05+0.645*Icl;
      if(Icl<0.078)  fcl=1.00+1.30*Icl;
```

```
            tsk=35.7-0.025*(M-W);
            //确定服装外表面温度 tcl
            //先假设服装外表面温度,由热平衡方程反复迭代确定最终的服装外表面温度 tcl
            tcl1=tair;tcl2=tcl1;
            do
            {    tcl1=(tcl1+tcl2)/2;
                 temperary1=2.38*pow((tcl1-tair),0.25);
                                                 //自然对流时对流换热系数
                 temperary2=12.1*pow(speed,0.5);
                                                 //强迫对流时对流换热系数
                 if(temperary1<temperary2) hc=temperary2;
                 else hc=temperary1;
                 R=(3.96e-8)*fcl*(pow((tcl1+273.15),4)-pow((tr+273.15),4));
                 C=fcl*hc*(tcl1-tair);
                 tcl2=tsk-Icl*(R+C);
            }
            while (fabs(tcl1-tcl2)>0.0001);
            tcl=tcl2;
            //确定服装外表面温度 tcl 完毕
            R=(3.96e-8)*fcl*(pow((tcl+273.15),4.0)-pow((tr+273.15),4.0));
            C=fcl*hc*(tcl-tair);
            Edif=3.05*(5.733-0.007*(M-W)-pv/1000);
            Ersw=0.42*(M-W-58.2);
            Eres=0.0173*M*(5.867-pv/1000);
            Cres=0.0014*M*(34-tair);
            TL=M-W-C-R-(Cres+Edif+Ersw+Eres);
            pmv0=(0.303*exp(-0.036*M)+0.0275)*TL;
            C_UDSI(c,t,pmv)=pmv0;
            }
            end_c_loop(c,t)
        }
    }
```

编译 UDF 文件 PMV-PPD.c:依次选择菜单"Define"→"User-Defined"→"Functions"→"Interpret"编译.找到 PMV-PPD.c 文件进行编译,如图 9-57 所示.如果 PMV-PPD.c 有错误,FLUENT 将有提示,修改 PMV-PPD.c 中的错误,直到编译成功.

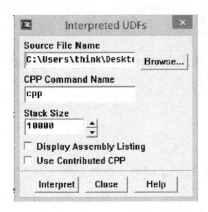

图 9-57 "Interpret UDFs"对话框

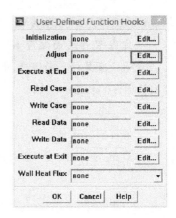

图 9-58 "User-Defined Function Hooks"对话框(一)

激活自定义函数:依次选择菜单"Define"→"User-Defined"→"Function Hooks",在图 9-58 中点击"Adjust"后的"Edit"按钮.将 mypmv_ppd 添加到"Selected Adjust Functions"中,如图 9-59 所示,点击"OK"按钮."User-Defined Function Hooks"对话框中的"Adjust"后出现 mypmv,如图 9-60 所示.

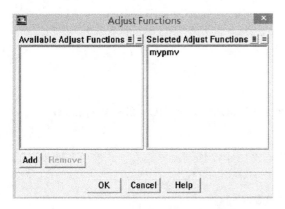

图 9-59 "Adjust Functions"对话框

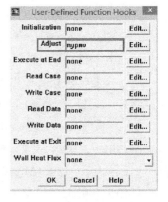

图 9-60 "User-Defined Function Hooks"对话框(二)

定义 UDS:依次选择菜单"Define"→"User-Defined"→"Scalars",将图 9-61 中的 User-Defined Scalars 的数量改为 1.在图 9-62 中点击"OK"按钮.

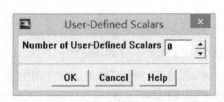

图 9-61 "User-Defined Scalars"对话框(一)

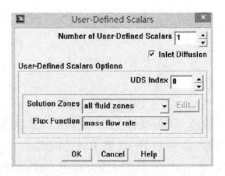

图 9-62 "User-Defined Scalars"对话框(二)

(2) 定义材料

依次选择菜单"Define"→"Materials",在出现的"Materials"对话框中点击"Mixture Species"后的"Edit"按钮,弹出材料物性参数设置对话框,如图 9-63 所示。将水蒸气和空气作为组分,注意水蒸气排列在前,如图 9-64 所示。回到"Materials"对话框中,点击"Change/Create"按钮后再关闭该对话框。

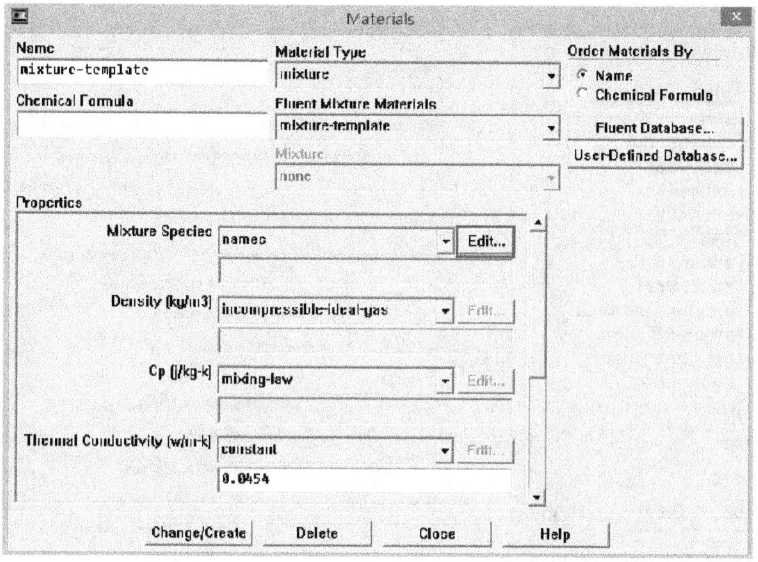

图 9-63 "Materials"对话框

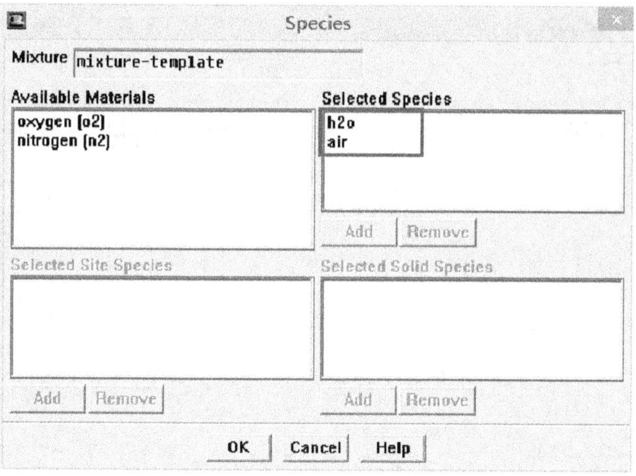

图 9-64 "Species"对话框

(3) 定义边界条件

依次选择菜单"Define"→"Boundary Conditions",打开"Boundary Conditions"对话框。工作台边界设置如图 9-65～图 9-68 所示。质量流量 Mass Flow-Rate 设为 0.038 4 kg/s,湍流动能 Turbulent Kinetic Energy 设为 0.05 m^2/s^2,湍流耗散率 Turbulent Dissipation Rate 设为 0.008 m^2/s^3,温度 Total Temperature 设为 293 K,水蒸气质量百分比 Species Mass

Fractions 设为 0.014 48.

进口 inlet 的设置如图 9-69~图 9-71 所示.质量流量 Mass Flow-Rate 设为 0.18 kg/s.方向说明方法采用方向矢量,注意流动方向 y 分量为 −1.湍流动能 Turbulent Kinetic Energy 设为 0.05 m²/s²,湍流耗散率 Turbulent Dissipation Rate 设为 0.008 m²/s³,温度 Total Temperature 设为 293 K,水蒸气质量百分比 Species Mass Fractions 设为 0.006 921.

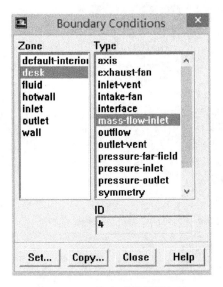

图 9-65 工作台边界设置(一)

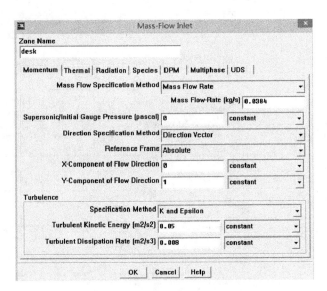

图 9-66 工作台边界设置(二)

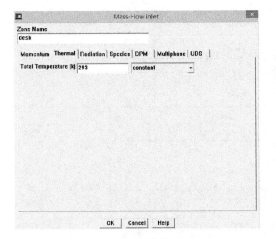

图 9-67 工作台边界设置(三)

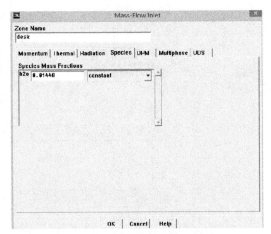

图 9-68 工作台边界设置(四)

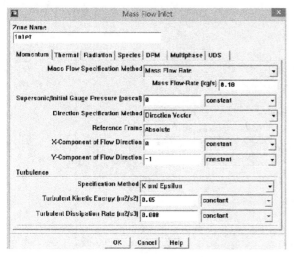
图 9-69 进口边界设置(一)

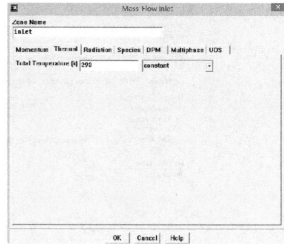
图 9-70 进口边界设置(二)

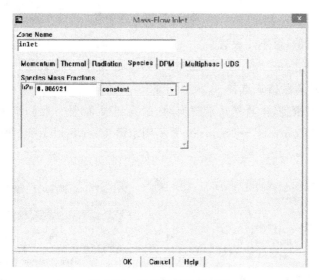
图 9-71 进口边界设置(三)

热壁面是固体壁面,仅设置热力学特性即可,在"Wall"对话框中点击"Thermal"选项卡,在"Thermal Conditions"下选择"Temperature",在"Temperature"后输入"318K",如图 9-72 所示。

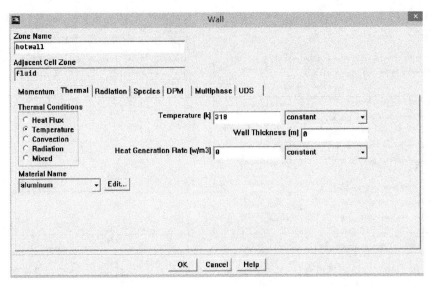

图 9-72 热壁面设置

其他边界取缺省值,可不用设置。

3. 求解设置

(1) 求解方程及离散格式选择

根据上述定义的模型,本算例需求解流动、湍流方程、能量方程和水蒸气组分方程,依次选择菜单"Solve"→"Controls"→"Solution",不用求解 User Scalar 0 方程,按图 9-73 所示选择,点击"OK"按钮。

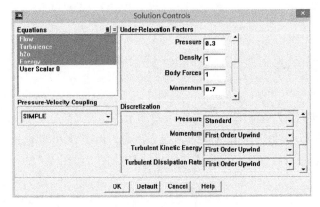

图 9-73 求解控制　　　　　图 9-74 初始化

(2) 初始化设置

依次选择菜单"Solve"→"Initialize"→"Initialize",打开如图 9-74 所示的对话框,先选择"Compute From",再依次点击"Init""Apply""Close"按钮。

(3) 迭代收敛控制设置

依次选择菜单"Solve"→"Monitors"→"Residual",勾选"Print"和"Plot",其余用缺省值,点击"OK"按钮,如图9-75所示。

4. 求解及保存文件

本算例设置迭代次数过程方法是:依次选择菜单"Solve"→"Iterate",按图9-76在迭代次数后输入"1000",随后点击"Iterate"按钮。迭代计算开始,收敛成功时计算结束,残差曲线如图9-77所示。最后关闭"Iterate"对话框。

保存文件:依次选择菜单"File"→"Write"→"Case & Data",在弹出的窗口中输入文件名。

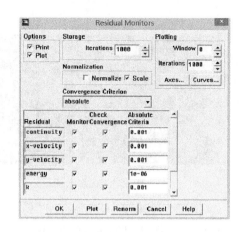

图 9-75 残差设置

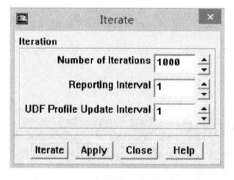

图 9-76 迭代对话框

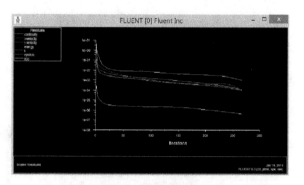

图 9-77 残差曲线

三、后处理

1. 云图

依次选择菜单"Display"→"Contours",打开"Contours"对话框。选中"Filled",如图9-78所示。在"Contours of"下拉菜单中选择"Velocity",依次点击"Computer"和"Display"按钮,查看速度云图,如图9-79所示。或者选择"Species Mass fraction of h2o",可得到水蒸气质量浓度分布云图,如图9-80所示。

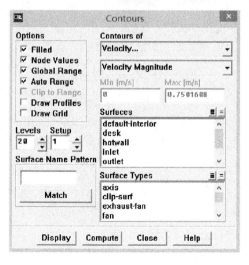

图 9-78 "Contours"对话框

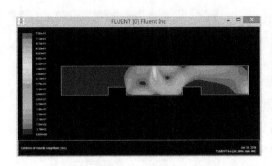

图 9-79　速度云图

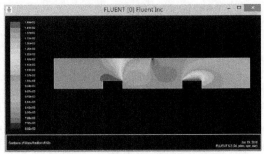

图 9-80　水蒸气质量浓度分布云图

依次选择菜单"Display"→"Contours",打开"Contours"对话框.在 Options 下勾选"Filled",如图 9-81 所示,在"Contours of"下拉菜单中选择"User Defined Scalars…",在其下面选择"User Scalar 0",依次点击"Computer"和"Display"按钮,可得到 PMV 分布云图,如图 9-82 所示.

图 9-81　"Contours"对话框

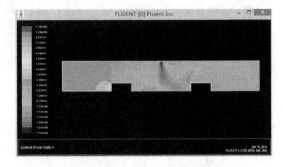

图 9-82　PMV 分布云图

2. PPD 计算

定义场函数:依次选择菜单"Define"→"Custom Field Function",按图 9-83 将 PPD 的定义式(9-3)输入在"Definition"下的输入条中,式(9-3)中的 PMV 选用图 9-83 中"User Scalar 0"代替,在"New Function Name"中输入"myppd",点击"Define"按钮.

查看 PPD 云图:依次选择菜单"Display"→"Contours",打开"Contours"对话框.在"Options"下勾选"Filled",在"Contours of"下拉菜单中选择"myppd",点击"Display"按钮,查看 PPD 云图,如图 9-84 所示.

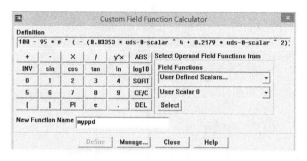
图 9-83 定义场函数

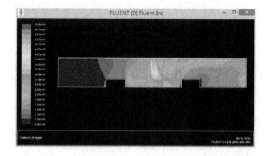
图 9-84 PPD 云图

保存文件:依次选择菜单"File"→"Write"→"Case & Data",在弹出的窗口中再次输入文件名.

§9-5 室内颗粒物运动计算

室内颗粒物的运动是影响室内空气品质的主要因素之一.不同于气态污染物,颗粒物属固态污染物,在 FLUENT 软件中应用离散相模型求解室内颗粒物的运动.本节通过两个例子介绍室内颗粒物的轨迹计算与浓度计算.

一、颗粒物轨迹计算

流场计算完毕后,进行颗粒物轨迹计算.在§9-1 算例完成的基础上加入颗粒物进行轨迹计算.计算步骤是:先加入颗粒物离散相,接着定义颗粒物属性,随后设置颗粒物喷入状态,最后显示颗粒物轨迹.

1. 加入颗粒物

在 FLUENT 中打开§9.1 算例,依次选择菜单"Define"→"Models"→"Discrete Phase",打开"Discrete Phase Model"对话框,在图9-85中"Max. Number of Steps"下输入"5000",随后点击"Injections"按钮,打开如图 9-86 所示的"Injections"对话框,点击"Injections"对话框中的"Create"按钮,弹出如图 9-87所示的"Set Injection Properties"对话框.直接点击"Set Injection Properties"对话框中的"OK"按钮.再点击"Injections"对话框中的"Close"按钮,如图 9-88 所示.

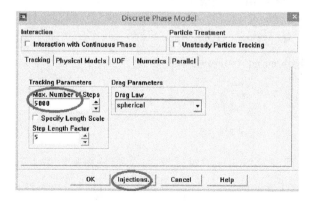
图 9-85 离散相模型

图 9-86 "Injections"对话框(一)

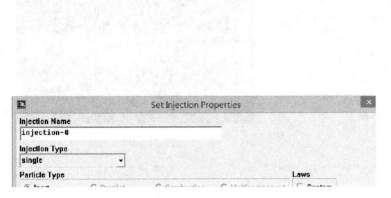

图 9-87 "Set Injection Properties"对话框

图 9-88 "Injections"对话框(二)

2. 定义颗粒物属性

依次选择菜单"Define"→"Materials",打开"Materials"对话框,如图 9-89 所示. 在"Material Type"下选择"inert-particle",在"Name"下输入颗粒物名称如"pm",点击"Chang/Create"按钮. 在"Question"对话框中选择"No",如图 9-90 所示.

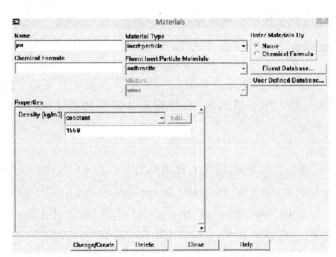

图 9-89 "Materials"对话框

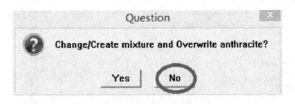

图 9-90 "Question"对话框

在"Question"对话框中选择"No"后,回到"Materials"对话框. 如果颗粒物密度为 1 700 kg/m³,按图 9-91 选择,先在"Fluent Inert Particle Materials"下选"pm",再将"Properties"下的密度值改为"1 700". 再点击"Chang/Create"按钮及"Close"按钮.

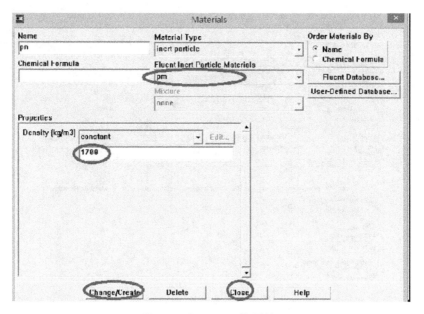

图 9-91 "Materials"对话框

3. 设置颗粒物喷入状态

回到图 9-92,点击"Injections"按钮,在图 9-93 中点击"Set"按钮。在"Set Injection Properties"对话框中的"Injection Type"下选择"surface",按图 9-94 所示设置后,点击"OK"按钮。关闭"Injections"对话框,在"Discrete Phase Model"对话框中点击"OK"按钮。

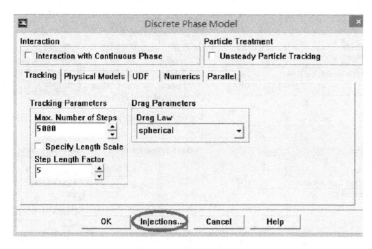

图 9-92 离散相模型

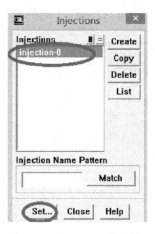

图 9-93 "Injections"对话框

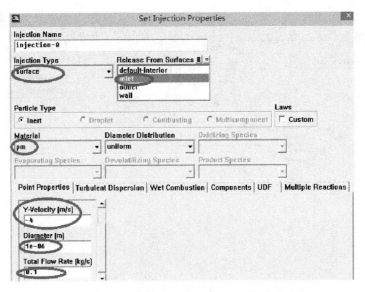

图 9-94 设置 Injections

4. 显示颗粒物轨迹

依次选择菜单"Display"→"Particle Tracks",打开"Particle Tracks"对话框,按图 9-95 所示选择,点击"Display"按钮,打开"Grid Display"对话框,如图 9-96 所示,将该对话框中"Surfaces"下的"default-interior"去除,再点击"Display"和"Close"按钮,弹出房间轮廓图,如图 9-97 所示。

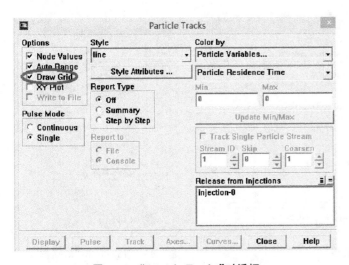

图 9-95 "Particle Tracks"对话框

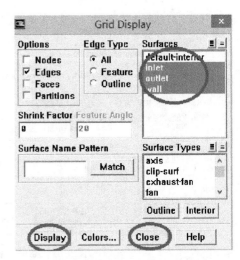

图 9-96 "Grid Display"对话框

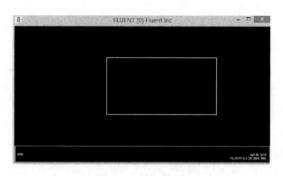

图 9-97　房间轮廓图

回到"Particle Tracks"对话框,点击"Release from Injections"下的"injection-0",在"Skip"下输入"5",点击"Display"按钮,如图 9-98 所示,得到如图 9-99 所示的颗粒物轨迹线.线的颜色表示驻留时间,最大驻留时间 90.115 2s.截屏保存此图.Skip 下的数值也可以保留为 0,再点击"Display"按钮,截屏保存图形.最后关闭"Particle Tracks"对话框.

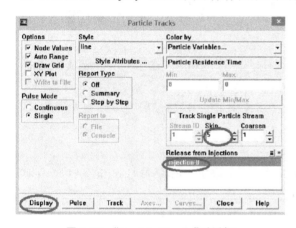

图 9-98　"Particle Tracks"对话框

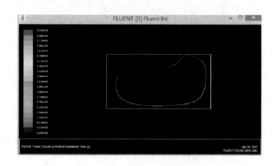

图 9-99　颗粒物轨迹线

5. 保存文件

颗粒物轨迹计算完成后保存文件,依次选择菜单"File"→"Write"→"Case & Data",在弹出的窗口中输入文件名.

二、颗粒物浓度计算

问题描述:在房间顶部中心有一方形散流器送风,尺寸为 0.3 m×0.3 m,回风口位于房间侧墙壁面的下方,尺寸为 0.4 m×0.2 m.室内 PM2.5 初始浓度为 0,送风口(inlet)向室内输送 PM2.5 含量为 50 μg/m³ 的新风,同时室内也开始发散 PM2.5,将桌面(workface)简化成室内 PM2.5 污染源的散发面,发尘量为 3 mg/h.空调房间的送风速度为 3 m/s.模拟半小时以后室内的 PM2.5 浓度场.

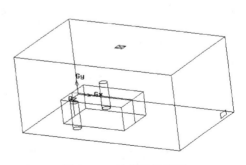

图 9-100　计算房间模型

本算例采用三维非稳态模型.模拟过程:先是前处理,接着导入 FLUENT 计算,最后用后处理显示计算结果.本算例对前处理过程不再介绍,重点说明导入 FLUENT 计算和后处理过程.

1. 导入 FLUENT 计算

导入 FLUENT 计算分为读入并检查网格、定义模型、求解设置、求解及保存结果四部分.

(1) 读入并检查网格

启动 FLUENT 的 3D 求解器.依次选择"File"→"Read"→"Case"命令,在弹出的"Select File"对话框中选择网格文件,将其导入 FLUENT 中.

检查网格,依次执行"Mesh"→"Check"命令,可以看到计算域坐标的上下限,并检查最小体积和最小面积是否为负数.

(2) 定义模型

定义模型分为模型选择、定义材料和定义边界条件.

a. 模型选择.

本算例涉及稳态与非稳态模型、湍流模型、离散相模型的选择.

稳态与非稳态模型:依次选择菜单"Define"→"Models"→"Solver",打开求解器设置对话框,选择非稳态,点击"OK"按钮.

湍流模型:依次选择菜单"Define"→"Models"→"Viscous",在"Model"选项中选择"k-epsilon",保留其他默认设置,点击"OK"按钮.

离散相模型:先加入颗粒物离散相,接着定义颗粒物属性,随后设置颗粒物喷入状态.具体过程同颗粒物轨迹计算部分相同,不再重复.

b. 定义材料.

本算例的流体是空气,在 FLUENT 中是缺省的,故依次选择菜单"Define"→"Materials",不做任何改变,直接点击"Close"按钮即可.

c. 定义边界条件.

依次选择菜单"Define"→"Boundary Conditions",进口边界设置如图 9-101 所示;出口边界为自由出流,无需设置.壁面对颗粒物有捕获作用,壁面 DPM 的设置如图 9-102 所示;工作台面的速度及 DPM 的设置如图 9-103 和图 9-104 所示.

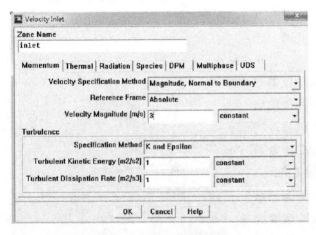

图 9-101 进口边界设置

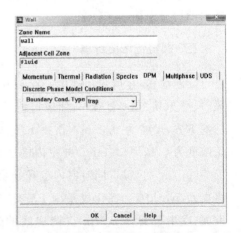

图 9-102 壁面 DPM 设置

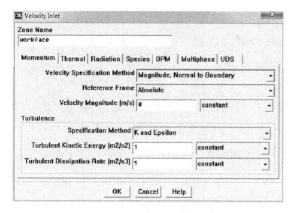

图 9-103　工作台面的速度设置　　　　图 9-104　工作台面 DPM 设置

（3）求解设置

a. 求解方程及离散格式选择：依次选择菜单"Solve"→"Controls"→"Solution"，点击"OK"按钮．

b. 初始化设置：依次选择菜单"Solve"→"Initialize"→"Initialize"，按图 9-105 所示选择，先后点击"Init""Apply""Close"按钮．

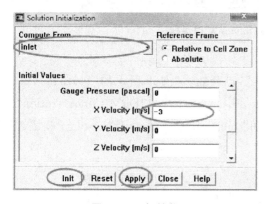
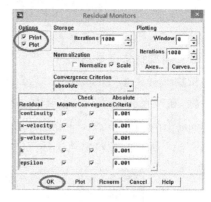

图 9-105　初始化　　　　图 9-106　残差设置

c. 残差设置：依次选择菜单"Solve"→"Monitors"→"Residual"，按图 9-106 所示选择．

（4）求解及保存文件

依次选择菜单"Solve"→"Iterate"，在图 9-107 中设置时间步长和时间步长数．时间步长与时间步长数的乘积便是流动计算的时间，本算例要求计算半小时后室内颗粒物浓度，因此时间步长与时间步长数的乘积应是 1 800 s. 随后点击"Iterate"按钮．迭代计算开始，迭代到设置的步数时，计算结束．最后关闭"Iterate"对话框．

保存文件：依次选择菜单"File"→"Write"→"Case & Data"，在弹出的窗口中输入文件名．

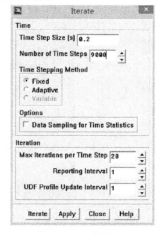

图 9-107　迭代设置

2. 后处理

本算例后处理分为三部分:应用 FLUENT 的后处理完成室内 PM2.5 平均体积浓度计算、颗粒物轨迹显示和颗粒物浓度显示.

(1) PM2.5 平均体积浓度计算

依次选择菜单"Report"→"Volume Integrals",打开如图 9-108 所示的对话框,在"Report Type"下选择"Volume-Average",在"Field Variable"下拉菜单中选择离散相模型"Discrete Phase Model"和"DPM Concentration",点击"Computer"按钮,在"Volume-Weighted Average"下即可得到 PM2.5 平均体积浓度.

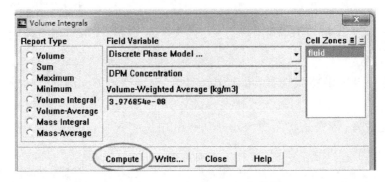

图 9-108 "Volume Integrals"对话框

(2) 颗粒物轨迹显示

依次选择菜单"Display"→"Particle Tracks",打开如图 9-109 所示的"Particle Tracks"对话框,在"Color by"下拉菜单中选择"Discrete Phase Model"和"DPM Concentration",在"Release from Injections"下选择"injection-1"和"injection-0",然后点击"Display"按钮,得到如图 9-110 所示的颗粒物轨迹线.

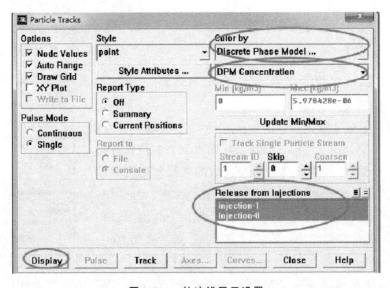

图 9-109 轨迹线显示设置

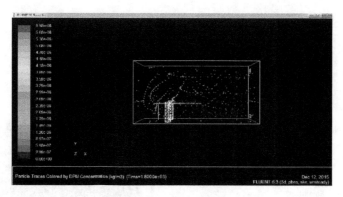

图 9-110　颗粒物轨迹线

(3) 颗粒物浓度显示

可显示某平面上颗粒物浓度,先创建一平面,再显示该平面上颗粒物浓度.本算例将显示 $x=1.1$ 平面上颗粒物浓度.

a. 创建平面.

依次选择菜单"Surface"→"Iso-Surface",打开"Iso-Surface"对话框,如图 9-111 所示.在"Surface of Constant"下拉菜单中选择"Grid"和"x-coordinate",点击"Compute"按钮,"x-coordinate"的最小和最大值即显示,在"Iso-Values"下输入"1.1",在"New Surface Name"下输入创建的平面名称"x=1.1",再点击"Create"按钮,下拉"From Surface"的滚动条,即可见 $x=1.1$.最后点击"Close"按钮,即完成平面的创建.

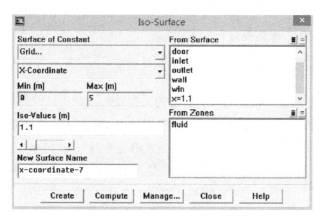

图 9-111　"Iso-Surface"对话框

b. 显示颗粒物浓度.

依次选择菜单"Display"→"Contours",打开"Contours"对话框.在"Options"下勾选"Filled",在"Contours of"下拉菜单中选择"Discrete Phase Model"和"DPM Concentration",在"Surfaces"下选择"x=1.1",如图 9-112 所示,再先后点击"Compute"和"Display"按钮.即显示 $x=1.1$ m 平面上颗粒物浓度,如图 9-113 所示.

图 9-112 "Contours"对话框

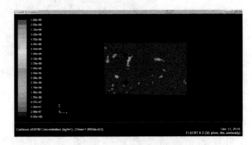

图 9-113 颗粒物浓度

§9-6 三维建模

三维计算存在一定的广泛性,三维建模是计算的基础,其间面和体的减法操作较为频繁.本例题着重介绍三维建模面和体减法的操作技术.

问题描述:长 5 m、宽 4 m、高 3.5 m 的房间门宽 0.8 m、门高 2.5 m;窗宽 1.8 m、窗距地面 1 m、窗高 1.5 m.室内有一长 1 m、宽 0.5 m、高 0.8 m 的工作台.创建三维模型,计算域中需去除工作台.Gambit 三维建模过程如下:

一、进入 Gambit 运行窗口

(1) 创建文件夹,打开 Gambit,找到所建的文件夹.

(2) 点击 ▉ ,将鼠标光标移至图 ✣ 中间滑块上,按住鼠标左键向屏幕左下方拖动滑块,也可再次按住鼠标左键转动,将坐标旋转到熟悉的方向 ✣ .

(3) 创建模型中适时点击 ▉ ,使得所创建的模型在屏幕上得到满屏显示.

二、面操作

(1) 按点、线、面的顺序创建房间 6 个面,如图 9-114 所示.

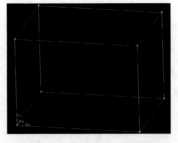

图 9-114 房间 6 个面

(2) 创建门，采用直接创建面的方法，如图 9-115 所示，注意图中的方向。平移门，如图 9-116 所示。

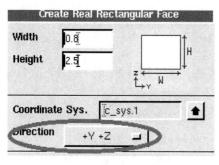
图 9-115　创建门

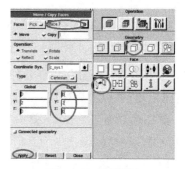
图 9-116　平移门

(3) 墙去除门，门与墙作减法，如图 9-117 所示。窗的创建过程类似门的创建过程。

三、三维体操作

(1) 创建房间体，选择所有的面创建房间体。

(2) 创建工作台，根据所给条件，通过输入长、宽、高的数值，一步创建工作台。

(3) 平移工作台，平移量为 (2.5, 3, 0.4)，注意 z 方向的平移量，确保工作台与地面接触。

(4) 创建的房间减去工作台后得到实际的计算域，房间减去工作台的操作如图 9-118 所示，注意图中的两个 Retain 都不要点成红色。

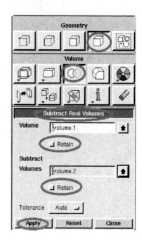
图 9-117　门与墙作减法

四、输出结果

(1) 作网格，可以直接用体作网格。较简单的方法是给定 Interval size 值，但 Interval size 值不能太小，否则网格数太多，计算时间过长。

图 9-118　体减法

图 9-119　体网格

(2) 定义边界,保存模型.

(3) 输出网格.注意三维输出网格时,二维的按钮不要点.

小 结

(1) FLUENT 是通用 CFD 软件包,其核心算法就是有限体积法.FLUENT 包括三个基本环节:前处理、求解和后处理.

(2) 前处理分为四个步骤,第一步是建立文件夹以安放算例中建立的所有文件;第二步是建立几何物理模型;第三步为几何物理模型划分网格;最后定义边界条件.

(3) FLUENT 求解过程分导入网格、定义模型、求解设置、求解及保存结果四部分.

(4) 后处理是计算结果的处理与显示过程,FLUENT 有功能较强大的后处理器,也可用第三方图形软件处理 FLUENT 计算结果.

(5) 本章通过二维室内机械通风、二维室内自然通风、通风房间空气龄的计算、室内热舒适 PMV 和 PPD 计算和室内颗粒物运动计算等算例说明 FLUENT 的应用.其中通风房间空气龄、室内热舒适 PMV 和 PPD 的计算算例有一定难度,涉及到 FLUENT 的 UDF 和 UDS 的应用.

附 录

用 Tecplot 查看例 2.1 计算结果

一、打开文件

(1) 运行 Tecplot,依次选择"File"→"Load Data File(s)",如图 1 所示.

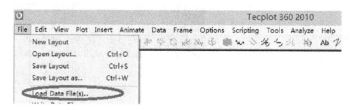

图 1 加载数据

(2) 点击图 2 中的"OK"按钮.

图 2 选择数据类型

图 3 打开文件

(3) 打开计算结果的 my.dat 文件,如图 3 所示.

二、选择图像类型

选择二维直角坐标系图形,如图 4 所示,点击"OK"按钮.

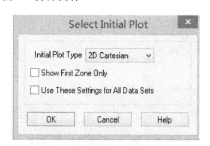

图 4 选择图像类型

三、作温度云图

勾选图 5 中的"Contour",得到如图 6 所示的温度分布.

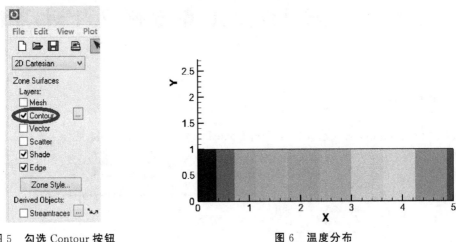

图 5　勾选 Contour 按钮　　　　　　图 6　温度分布

四、更改 Y 轴显示范围

(1) 在图 7 中依次选择"Plot"→"Axis…".

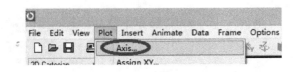

图 7　修改坐标轴

(2) 点击图 8 中"Y",将 Max 改为 1,选中"Independent".最后点击"Area"选项卡,如图 9 所示,改变坐标轴位置.点击"Close"按钮后,得到如图 10 所示的新的温度分布图.

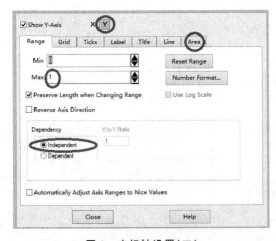 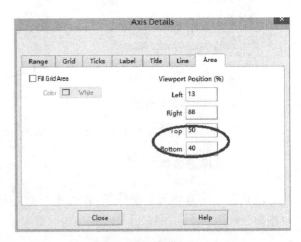

图 8　坐标轴设置(二)　　　　　　　图 9　坐标轴设置(一)

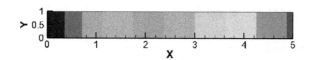

图 10　温度分布新图

五、显示图例

（1）点击"Contour"右侧的方框按钮，如图 11 所示.

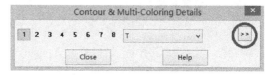

图 11　Contour 右侧按钮　　　　　图 12　"≫"按钮

（2）点击图 12 中"≫"按钮，会出现如图 13 所示的窗口.

（3）点击图 13 中"Coloring"选项卡，选中"Continuous"，如图 14 所示.

（4）点击"Legend"选项卡可进行图例设置，按图 15 所示设置.

（5）最后得到如图 16 所示的带有图例的温度分布.

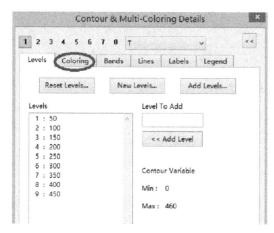
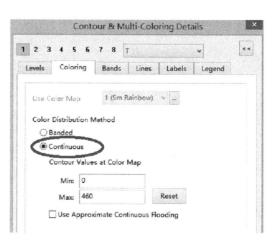

图 13　选择颜色　　　　　　　　图 14　设置颜色

图 15 设置图例

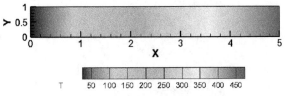

图 16 带有图例的温度分布

参考文献

[1] 李人宪. 有限体积法基础[M]. 2版. 北京：国防工业出版社, 2005.
[2] 陶文铨. 数值传热学[M]. 2版. 西安：西安交通大学出版社, 2001.